现代木结构建筑设计

张颖璐 ◎ 主 编

朱 丹 ◎ 副主编

中国林业出版社

图书在版编目（CIP）数据

现代木结构建筑设计 / 张颖璐主编；朱丹副主编.
-- 北京：中国林业出版社，2025.7
ISBN 978-7-5219-2057-4

Ⅰ.①现… Ⅱ.①张… ②朱… Ⅲ.①木结构—建筑
设计 Ⅳ.①TU366.2

中国国家版本馆CIP数据核字(2023)第000943号

策划、责任编辑：樊　菲

_____

出版发行：中国林业出版社
　　　　（100009，北京市西城区刘海胡同 7 号，电话 010-83143610）
电子邮箱：cfphzbs@163.com
网址：http://www.cfph.net
印刷：北京中科印刷有限公司
版次：2025 年 7 月第 1 版
印次：2025 年 7 月第 1 次印刷
开本：787mm×1092mm 1/16
印张：11.5
字数：273 千字
定价：68.00 元

《现代木结构建筑设计》
编委会

Preface
序 言

　　木结构建筑可以说是建筑人或国人心灵深处挥之不去的执念和图腾，从巍峨宏大的皇家宫殿、庄严肃穆的塔坛寺庙，到恬静典雅的学社书院、亲和开放的乡野民居，在华夏辽阔的苍穹下，木结构建筑的端庄敦厚、唯美芬芳，以及其自然之韵，在永恒的时光里，闪耀着不朽的光芒。

　　诚然，时代在前进，岁月在流逝。在当今钢筋混凝土结构大行其道的时代，传统木结构逐渐式微，与现代建筑渐行渐远。究其原因，除了目前城市建筑以高层、大跨度建筑形式为主，主要还在于基于师徒相承的经验型传统木结构在材料选型加工、构件性能描述、营造法式工艺等方面与现代建筑理论和工程技术日渐分野，以至于在许多大型工程建设中，设计师心系木结构而事不能为，不惜以钢材、混凝土通过装饰做成斗拱、梁架，虽然看上去古色古香、蔚为大观，然终究"风止意难平"——功能和意境去之十万八千里矣。

　　那么，研究现代木结构纯粹是为了满足怀旧复古的人文心态或建筑氛围？非也！纵观国际国内，以工业文明为代表的高层、大跨建筑为主流的城市建设之后，既合乎绿色生态、低碳节能，又亲和温馨的现代木结构建筑在后工业文明社会受到广泛的欢迎，从而越来越显现出蓬勃的生命力和广阔的市场空间。繁华的东京小泽、宁静的纽约北郊、国内江浙山林中的文旅民居，木结构建筑如雨后春笋般涌现。这种趋势，有心理文化的需求，也是建筑功能的选择，更是自然生态的必然趋势，木结构建筑大有复兴之势！

　　顺应木结构的复兴大势，师承传统木结构建筑的理念和精髓，以现代的建筑理论技术为工具，全面研究、梳理现代木结构的材料、工艺、设计方法和构造技术，《现代木结构建筑设计》一书的出版可谓适逢其时。且不说本书全面丰富的内容、图文并茂的表达方式、经典案例的精彩剖析，单就全文以建筑师的视角，全程审视现代木结构建筑的建设过程，涉及文化艺术、功能实现、材料选择、工艺措施等诸多方面，何其的难能可贵！

　　《现代木结构建筑设计》一书反映了现代木结构最新的研究成果、工程经验和信息数据，论述了现代木结构建筑的常用材料、结构体系、建筑构造等关键技术，收集汇编了相关的标准规范和著作著述，可引以为教学教案、工程手册、科研丛书，也可作为木结构建筑的公众科普和行业管理的技术支撑。

本书主编张颖璐君，从事建筑设计与教学多年，尤其在木结构建筑的技术研究和设计应用方面多有建树。前两年在我院博士后工作站学习，博士后毕业前后进一步致力于木结构建筑的系统学术研究和工程应用推广，学业精进，成果颇丰。张颖璐在我院博士后工作站就读期间，我作为站内导师，与张君虽说有师徒名分，实则为同学——一同学习更为贴切。学生书成，首送我阅。琐事缠身，延时有日，才得以有闲翻阅。本以为寻常文牍，随意翻看数页，有环境、有节能、有噪声、还有消防……意趣大增，静心研读，方知通篇金石，材料述至一树一木，房屋详及窗墙梁柱。分说精彩之处，虽是为师，亦不免心生赞叹。遂转发文稿与若干知己同人共阅，同人赞曰："图文并茂，资讯富集，颇具功力，不可多得也！"我虽狐疑，然沾沾自喜矣！

言归正传，现代木结构建筑在当前的建筑形势下，能够自成一枝，迅速生长，得益于业内包括本书编者在内的一批教育、科研及工程界有识之士的不懈努力，就像梁思成先生论述建筑工程的进步时所言，"这种努力是中国精神的抬头，实有无穷意义"。希冀本书的出版，作为"枝"上一片新叶，或可为现代木结构建筑的春天增添一抹绿色。

许锦峰

江苏省建筑科学研究院有限公司总工程师
2025年端午于南京大学图书馆

Foreword
前　言

　　木材在人类社会生活中占据重要地位，以木材为主体材料的建筑一直被广泛使用。我国传统的木结构建筑发展至唐宋时达到巅峰，后因其用料较费且跨度有限，逐渐走向衰落。在经历变化与改革后，我国传统木结构建筑逐渐被现代木结构建筑取代。现代木结构建筑是指建筑的主要结构部分由木方、集成材、木质板材所构成的结构系统。它的发展体现了一个时代的木结构建筑技术水平和当代人们的生活、审美水平。因此，了解与掌握现代木结构建筑的设计方法至关重要。

　　本书共分为 8 章，分别从现代木结构建筑概述、常用材料、结构体系、基础与地下室、楼地面、墙体、屋顶、楼梯与电梯，以及细部构造设计几个方面展开介绍。

　　现代木结构建筑设计的概述部分，首先介绍了现代木结构建筑的产生背景与发展前景，阐述现代木结构建筑的构成要素，然后重点介绍了现代木结构建筑设计的内容与程序，以及设计过程需要注意的要求与依据，最后详细列出现代木结构建筑设计常用的规范、标准。

　　现代木结构建筑的常用材料部分的内容分为木材类、装饰材料类、连接件以及其他材料等几个方面。其中，木材类分为实木类和复合材料类，装饰材料分为外表面材料、内表面材料以及填充材料。本章让读者了解木结构建筑中常用材料的基本特性和用途，达到合理利用这些材料的目的。

　　现代木结构的结构体系依据其使用的木材规格分为重型木结构和轻型木结构，其中重型木结构又包含梁柱式木结构和井干式木结构。随着科学技术的进步，还出现了众多与木质混合的结构，如钢材-木材混合结构和混凝土-木材混合结构等。这些混合结构不仅降低了建筑物的造价，还使混合材料发挥出自身的最大优势，表现出自然、美观、环保、易维护、建筑材料可循环再生利用等优点。

　　现代木结构建筑的基础和地下室部分，首先对木结构基础进行概述，然后详细列出地基的处理方法，重点介绍了木结构建筑基础的做法和类别，最后阐述了木结构基础的防护措施，包括基础的防腐、防水、防虫等。

现代木结构建筑楼地层从概述、楼地层的构造及做法以及楼地层的细节处理3个方面展开。楼地层的概述中分为楼地层基本分类、楼盖体系组成、楼地层功能、楼地层设计要求等方面；构造上则包括桁架、搁栅等方面；细节处理包括隔声、防水防潮以及保温隔热等。

木结构墙体既是木结构建筑的重要组成部分，同时也是结构体系的重要组成部分。尤其是木结构外墙，它包括主体结构、面层、内装修、门窗，以及一系列用来调节墙体与室内环境的隔绝层，其构造十分复杂。一般需要根据功能、耐久性、外观以及造价等方面综合比较，进而确定墙体所用材料、结构和细部构造。因此，学习木结构墙体要了解墙体的种类及其功能、材料、基本构造和连接方式与性能。

屋顶是现代木结构建筑的重要组成部分。第7章首先阐述了木结构建筑屋顶，然后重点阐明木结构建筑屋顶的结构类型、节点构造连接和其他组成部分，最后介绍了木结构建筑屋顶的排水设计与防护设计。

现代木结构建筑中楼梯的构造多种多样，电梯在实际案例中应用较少，但第8章仍做了简要的介绍。这一章的内容分为楼梯以及电梯的分类、尺寸、设计要求等方面，对楼梯的构造、防火等方面也稍加介绍，并举实例加以说明。木结构建筑中电梯部分的内容列举了一些应用实例。

本书普遍适用于木结构建筑设计、环境设计、公共艺术及其他艺术设计类专业的学生学习使用，也可供景观设计师、建筑师等工程技术人员参考使用。

本书编写过程参考了很多学者已有的研究成果，对其进行了分类与总结。在此过程中编者得到了各方面的支持。在此向提供支持和帮助的单位、专家、学者、朋友致以衷心的感谢。同时，对本书审阅人和一直关注、支持本书出版工作的出版社编辑同样致以深切的谢意。

限于编者的水平，本书中全面性和创新性仍有很多不足，书中内容的不妥之处切盼得到各方面的批评、指正。

2025 年 3 月

Contents
目 录

1 现代木结构建筑设计概述

本章导读： 本章为现代木结构建筑设计的概述部分，首先介绍了现代木结构建筑的产生背景与发展前景，阐述现代木结构建筑的构成要素，然后重点介绍了现代木结构建筑设计的内容与程序，以及设计过程需要注意的要求与依据，最后详细列出现代木结构建筑设计常用的规范与标准。

1.1 现代木结构建筑的产生和发展

1.1.1产生背景

1.1.1.1传统木结构建筑逐渐走向衰落

从古至今，木材始终在社会发展和人类生活中占据着重要地位。尽管新型建筑材料不断涌现，木材以其亲和、环保、可再生等特点依然广受关注与应用。木结构是单纯由木材或主要由木材承受荷载的结构，通过各种金属连接件或榫卯结构进行连接和固定。宋代李诚所著《营造法式》全面系统地呈现了中国传统的木结构建筑体系（图1-1），它既能满足使用功能要求，又独具艺术魅力，精妙绝伦的传统木结构建造技艺更是广泛流传。但是中国木结构建造技艺自唐宋时期达到成熟的高峰以后，总体上没有突破性改变，在技术领域也没有质的发展。再后来西方科学技术传入，中国传统木结构建筑因耗费木材且木材跨度有限，逐渐走向衰落，被其他建筑结构所取代。

图 1-1　中国传统木结构建筑

1.1.1.2现代木结构建筑顺应时代发展

传统木结构建筑在历经一段时间的衰落后，现代木结构建筑走进人们的视线。现代木结构建筑是指建筑的主要结构部分由木方、集成材、木质板材所构成的结构系统（图1–2）。它是由传统梁柱式小跨度结构发展而来，但又与之截然不同的建筑体系。现代建筑综合考虑房屋性能、能源消耗、生态环境等多方面，重视建筑现代化和个性化发展，将传统设计方法与现代先进技术相融合，把生态理念引入建筑设计和建设中，因地制宜地创造出适合人类居住的、健康的建筑实体。而木结构房屋结构稳定、个性鲜明、材料环保等诸多特性，与现代建筑理念相呼应。所以，现代木结构建筑顺应了现代建筑的设计建造理念，再次成为颇受欢迎的选择。

图 1-2　现代木结构建筑

1.1.2 发展前景

现代木结构建筑采用的是完全工厂化的生产方式，严格按照设计方案对不同部位、不同标准和规定的木构件进行生产，使得木构件的耐火性能、防潮防腐性能等达到规范、标准的要求。木构件间的连接采用具有标准尺寸的专用连接件，生产出的木构件按照建造方案图进行组装，组装环节包括地基平整、基础施工、吊装主要材料等。整个建造过程方便快捷，同时工厂化的生产还改善了天然木料质量不稳定、耐用性差等缺点，使得木结构建筑凭借自身优势在现代建筑中占得一席之地。

目前，我国已经开始重视现代木结构建筑的发展，出台了木结构住宅设计、材料及施工的标准、规范等，但是仍处于不够完善的阶段。在建筑施工过程中，结构设计和施工程序都缺乏科学管理。而近年来国外建筑领域热衷于研究与应用木材，还研发出许多新技术支持木结构建设，对木结构建筑进行了全新的演绎，木材的应用范围广且表现形式多样。相比之下，国内的木结构建筑技术比较落后，传统技术逐渐被遗忘，新技术仍以引进国外技术为主。国内现有的木结构建筑数量较少，建筑师对木结构设计理论了解不全面，对新型建筑材料和工艺知识缺少认识。

另外，木材越来越珍贵，而塑料制品、钢制品等并不能取代人们对木材的喜爱，市场对木材的需求日益增长，建筑中使用的人造板种类随着行业发展越来越多，有锯材、胶合木、结构用板材和保温填充材等，这些建材成为现代木结构建筑发展的基础。此外，一些大跨度建筑对结构用材的要求非常高，需要成熟的结构设计。然而，我国各高校中木结构相关课程少，结构设计方面人才稀缺。现代木结构建筑的发展需要经过一个摸索、适应到成熟的过程，过程中避免不了种种困难。

我国城市居民对建筑的需求已经不仅停留在最基本的使用层面上，而是往更高的视觉与感官层面发展，对新型个性化的建筑风格和形式、建筑新功能与方法的需求日益增加。木材作为非常传统的代表性建筑材料，具有强烈的标志性，使用者对其有很深的亲近感和认同感，木质板材的普及也为木结构建筑的发展提供了契机。以现状来看，国内木结构建筑的开发项目大多有外方投资，市场前景还是很乐观的，现代木结构建筑在国内将有很大的发展空间。

1.2 现代木结构建筑的构成要素

1.2.1 基 础

基础位于建筑物最下部，即建筑物室外地面以下的承重构件。它主要承受建筑物地面以上部分的全部荷载，并将这些荷载传递给地基。基础必须具有足够的强度，以抵御地下各种因素的侵蚀。

1.2.2 墙 体

墙体可以作为建筑物的承重构件和围护构件。墙体作为承重构件时，它要承受建筑物由屋顶或楼板层传来的荷载，并将这些荷载再传递给基础。墙体作为围护构件时，外墙起着抵御自然界各种因素对室内侵袭的作用，是建筑节能的重点；内墙起分隔建筑物内部空间的作用。墙体依据使用功能的不同，分别具有足够的强度、稳定性、保温、隔热、隔声、防水、防火等性能。

1.2.3 楼 梯

楼梯是建筑物中的垂直交通设施，供人们上下楼和紧急疏散之用。楼梯的设计应具有足够的通行能力（宽度），并且满足安全、防滑等构造技术方面的要求。

1.2.4 屋 顶

屋顶是建筑物顶部的外围护构件和承重构件。屋顶构造设计应考虑抵御自然界雨雪及太阳热辐射等影响，并且满足建筑节能的要求；还要能承受建筑物顶部的各类荷载。屋顶必须具有足够的强度、刚度，以及防水、保温、隔热、节能等性能，并与周围环境及建筑的整体立面造型协调。

1.2.5 门 窗

门主要供人们内外交通和分隔房间之用；窗则主要用于通风、采光和观景，同时也起分隔和围护作用。门窗均属于非承重构件，但作为外围护构件，在建筑设计时应给予门和窗的材料、开启方式、安全性、造型、遮阳及节能性能等足够的重视。为了满足不同建筑使用功能的要求，对于某些有特殊要求的房间，门和窗还应具有节能（保温隔热）、隔声、防火、防盗及防蚊蝇等功能。

1.3 现代木结构建筑设计的内容和程序

1.3.1 内 容

建筑设计内容共分为 3 个部分：第一部分是建筑设计，包含总体设计和个体设计两方面，一般由建筑师来完成建筑施工图；第二部分是结构设计，由结构工程师进行结构计算和构件设计，完成结构施工图；第三部分是设备设计，由设备工程师配合建筑设计完成设备施工图。

1.3.2 程　序

1.3.2.1 方案设计

建筑方案设计是依据设计任务书而编制的文件。它由设计说明书、设计图纸、投资估算、透视图等4个部分组成。建筑方案设计必须贯彻国家及地方有关工程建设的政策和法令，符合国家现行的建筑工程标准、设计规范和制图标准，以及确定投资的有关指标、定额和费用标准规定。建筑方案设计的内容和深度应符合有关规定的要求。建筑方案设计一般应包括总平面、建筑、结构、给水排水、电气、采暖通风及空调、动力和投资估算等专业。除总平面和建筑专业应绘制图纸外，其他专业以设计说明的形式简述设计内容，但当仅以设计说明难以表达设计意图时，可以用设计简图进行表示。建筑方案设计可以由业主直接委托有资格的设计单位进行设计，也可以采取竞选的方式进行设计。方案设计竞选可以采用公开竞选和邀请竞选两种方式。建筑方案设计竞选应按有关管理办法执行。

1.3.2.2 初步设计

在初步设计阶段，设计单位应重新熟悉设计任务书、踏勘现场，进一步收集在设计中会起作用的资料，并切实了解项目所在地的环境情况和当地的一些地方性法规。初步设计阶段的图纸和设计文件要求标明建筑的定位轴线和轴线尺寸、总尺寸、建筑标高、总高度，以及与技术工种有关的一些定位尺寸，在设计说明中则应标明主要的建筑用料和构造做法；结构专业的图纸需要提供房屋结构的布置方案图、初步计算说明以及结构构件的断面基本尺寸；各设备专业也应提供相应的设备图纸、设备估算数量及说明书。

在完成了初步设计的设计文件后，设计单位应当经由建设单位向有关的监督和管理部门提交初步设计的全部设计文件，等候审批。

1.3.2.3 施工图设计

在施工图设计阶段，设计单位需要对初步设计的文件进行细化处理，使其达到可以按图施工的精细度，并且满足设备材料采购、非标准设备制作和施工的要求。施工图设计阶段的图纸和设计文件，应提供所有构配件的详细定位尺寸及必要的型号、数量等资料，还应绘制工程施工中所涉及的建筑细部详图。其他各专业则亦应提交相关的详细设计文件及其设计依据，并且协同调整各专业的设计以达到完全一致。在施工图文件完成后，设计单位应当将其经由建设单位报送有关施工图审查机构，对强制性标准、规范执行情况等内容进行审查。

1.3.2.4 拆分图设计

现代木结构建筑采用标准化设计、构件工厂化生产和信息化管理、现场装配的方式建造，施工周期短，质量可控，符合建筑产业化的发展方向。以原木结构建筑为例，从原料的获取、构件加工制作到现场装配，整个工艺流程全部机械化。在工厂先制作加工装配式木构件，包括内外墙板、梁、柱、楼板、楼梯等，然后运送到施工现场进行装配。因此，现代木结构建筑的构件拆分设计也是设计过程中重要的一部分。拆分图设计是根据工程结构特点、建筑结构图及甲方要求出具的一套图纸，主要包括构件拆分深化设计说明、项目工程平面拆分图、项目工程拼装节点详图、项目工程墙身构造详图、项目工程量清单明细、构件结构详图、构件细部节点详图、构件吊装详图、构件预埋件埋设详图。

1.4 现代木结构建筑设计的要求和依据

1.4.1 具体要求

1.4.1.1 功能要求

满足建筑物的功能要求，为人们的生产和生活创造良好的环境，是建筑设计的首要任务。现代木结构设计中，木材用材的选择和加工处理是保证木结构建筑使用功能耐久性的关键。

1.4.1.2 技术要求

现代木结构建筑结合了众多先进合理的技术措施，选择适宜的建筑材料，根据建筑空间组合的特点，选择合理的结构、施工方案，使建筑建造方便、坚固耐用。

1.4.1.3 经济要求

设计现代木结构建筑时，需要考虑良好的经济效果。设计和建造要有周密的计划和核算，重视经济领域的客观规律。建筑的使用要求和技术措施，要和相应的造价、建筑标准统一起来。

1.4.1.4 美观要求

建筑是社会的物质和文化财富，它在满足使用要求的同时，还需要考虑人们对建筑在美观方面的要求，考虑建筑赋予人们精神上的感受。

1.4.1.5 规划要求

单体建筑是总体规划中的组成部分，单体建筑应符合总体规划提出的要求。新设计的单体建筑，应使所在区域形成协调的室外空间组合以及良好的室外环境。木结构建筑本身具有生态绿色的形象，在设计规划时，应考虑其与周围环境融为一体。

1.4.2 主要依据

1.4.2.1 自然条件

不同地区的建筑类型各不相同，建筑所使用的材料、建筑构造均有差异。因此，在设计建筑时，首先应该考察所处地区的气象条件，地形、地质及地震烈度，水文3个方面。在一些特殊地区，如地震、洪涝等自然灾害多发区，建筑物的构造、材料、构件间的连接尤为重要。自然条件是建筑设计的首要依据。

1.4.2.2 使用功能

在考虑建筑物的使用功能时，应先了解人体尺度及人体活动所需的空间尺度，建立适合人类舒适居住的空间；还有家具、设备尺寸和使用它们所需的必要空间，也须进行严格设计，部分应结合相关规范进行合理设计。

1.4.2.3建筑模数

建筑模数（construction module）是指建筑设计中，为了实现建筑工业化大规模生产，使不同材料、不同形式和不同制造方法的建筑构配件、组合件具有一定的通用性和互换性，统一选定的协调建筑尺度的增值单位。建筑模数是指选定的尺寸单位，作为尺度协调中的增值单位，由基本模数、扩大模数、分模数为基础扩展成的系列模数。如最常用的基本模数，其数值规定为100mm，表示符号为M，即1M等于100mm，整个建筑物或其中一部分以及建筑组合件的模数化尺寸均应是基本模数的倍数。我国建筑设计和施工中，必须遵循《建筑模数协调标准》（GB 50002—2013）。基于日本、美国、加拿大等国家木结构模数制定的依据与原理，以及我国住宅的建筑模数现状（钢混建筑基本模数为100mm），通过模数网格的形式，以610mm×610mm模数网格为基本尺寸，该标准建立了适用于我国现代轻型木结构住宅的水平建筑模数与竖向建筑模数。

1.5　现代木结构建筑设计规范和标准

1.5.1木结构建筑设计规范和标准

1.5.1.1《木结构通用规范》（GB 55005—2021）

本规范适用于建筑工程中承重木结构的设计，总结、吸收了国内外木结构设计、应用的实践经验和先进技术，参考了有关的国际标准和国外标准，经反复修改、审查后定稿。本规范包含的主要内容有基本规定、设计、防护与防火、施工及验收、维护与拆除。

1.5.1.2《国家建筑标准设计图集：木结构建筑》（14J924）

本图集适用于3层及3层以下的轻型木结构建筑、胶合木结构建筑和原木结构建筑；不超过7层的木结构组合建筑（其中木结构部分不超过3层，且应设置在建筑上部）；多层民用建筑顶层木屋盖系统（含平屋面改坡屋面屋盖系统）；建筑高度不大于18m的住宅建筑、建筑高度不大于24m的办公建筑和丁戊类厂房（库房）的非承重外墙，以及房间面积不超过100m²、高度不超过54m的普通住宅和高度为50m以下的办公楼的房间隔墙。建筑类型为居住建筑、小型公共建筑，包括学校、商店、敬老院、社区服务中心、办公、旅馆、度假村等，以及景观建筑。

图集内容为轻型木结构建筑房屋体系及其建筑构造、胶合木结构建筑房屋体系及其建筑构造、原木结构建筑房屋体系及其建筑构造，以及木结构建筑工程做法。其中的建筑构造为建筑勒脚、内外墙体、门窗洞口、楼地面、屋面、挑檐、楼梯等建筑部位，及部件的构造。

1.5.1.3《建筑防火通用规范》（GB 55037—2022）

本规范致力于预防建筑火灾，降低火灾风险，保障人员生命和财产安全。适用于新建、扩建和改建的各类建筑，包括民用建筑、工业建筑、储罐区、堆场以及城市交通隧道。对于人民防空工程、石油天然气工程、石油化工工程、火力发电厂与变电站等特殊工程，当存在专门的国家标准或行业标准时，应优先遵循其具体规定。

1.5.1.4《建筑结构荷载规范》（GB 50009—2012）

本规范旨在适应建筑结构设计的需要，以符合安全适用、经济合理的要求。建筑结构设计中涉及的作用包括直接作用（荷载）和间接作用（如地基变形、混凝土收缩、焊接变形、温度变化或地震等引起的作用），规范仅对有关荷载作出规定。规范包含的内容有荷载分类和荷载效应组合、永久荷载、楼面和屋面活荷载、吊车荷载、雪荷载和风荷载。

1.5.1.5《建筑抗震设计标准》（GB/T 50011—2010）

本标准旨在贯彻执行《中华人民共和国建筑法》和《中华人民共和国防震减灾法》，并实行以预防为主的方针，使建筑经抗震设防后，减轻建筑的地震破坏，避免人员伤亡，减少经济损失。按本标准进行抗震设计的建筑，其基本的抗震设防目标是：当遭受低于本地区抗震设防烈度的多遇地震影响时，主体结构不受损坏或无须进行修理可继续使用；当遭受相当于本地区抗震设防烈度的地震影响时，结构的损坏经一般性修理仍可继续使用；当遭受高于本地区抗震设防烈度的预估的罕遇地震影响时，不致倒塌或发生危及生命的严重破坏。使用功能或其他方面有专门要求的建筑，当采用抗震性能化设计时，具有更具体或更高的抗震设防目标。本标准适用于抗震设防烈度为6度、7度、8度和9度地区建筑工程的抗震设计以及隔震、消能减震设计，并提供了抗震性能化设计的基本方法。抗震设防烈度大于9度地区的建筑和行业有特殊要求的工业建筑，其抗震设防应按有关专门规定执行。

1.5.2 木结构建筑施工规范和标准

1.5.2.1《木结构工程施工规范》（GB/T 50772—2012）

本规范适用于木结构工程的制作、安装和木结构防护（防腐及防虫蛀）及防火施工，对木结构工程的选材要求、质量要求、构造措施、施工程序和施工误差等作出了规定，以确保木结构建筑的建造能够达到更高的质量、安全、耐用性等要求。

1.5.2.2《装配式木结构建筑技术标准》（GB/T 51233—2016）

本标准适用于抗震设防烈度为6～9度的装配式木结构建筑的设计、制作、施工、验收、使用和维护。装配式木结构建筑应符合建筑全寿命周期的可持续性原则，并应满足标准化设计、工厂化制作、装配化施工、一体化装修、信息化管理和智能化应用的要求。

1.5.2.3《木结构工程施工质量验收规范》（GB 50206—2012）

本规范用于指导木结构建筑工程中木材、其他材料、木结构框架和防腐等施工质量的验收。新修编的规范除了对木结构工程材料验收提出要求之外，重点完善了对木结构工程施工过程质量控制和对木结构建筑的质量验收要求。

1.5.2.4《轻型木桁架技术规范》（JGJ/T 265—2012）

本规范适用于轻型木桁架结构体系的设计、施工、验收和维护管理，对木桁架的标准设计和生产流程提出要求从而确保木桁架的工程质量，同时也为木桁架的设计软件开发提供了技术基础，简化了相关的设计。

1.5.2.5《胶合木结构技术规范》（GB/T 50708—2012）

本规范是经过广泛调查研究，参考国际先进标准，总结并吸收了国内外有关胶合木结构技术和设计、应用的成熟经验，结合中国的具体情况编写而成的。该规范有助于推动木结构在大跨度、大空间商业建筑和部分工业建筑中的应用，填补了该领域的空白。

1.5.2.6《轻型木结构建筑技术规程》（上海）（DG/T J08—2059—2009）

本规程覆盖了结构、防火、节能与通风空调、耐久性、隔声等设计、施工与质量验收等专业内容，在国内首次建立了轻型木结构体系的结构设计方法；建立了关于轻型木结构建筑的抗震设计方法；提出了轻型木结构建筑的适用范围及防火设计措施；提出了采用多重防御原则的防水和防白蚁等耐久性设计方法；规定了按居住空间人数的新风量指标。

1.5.2.7《木骨架组合墙体技术标准》（GB/T 50361—2018）

本标准制定的目的是使木骨架组合墙体的应用做到技术先进、保证安全使用和人体健康、确保质量，其适用于住宅建筑、办公楼和《建筑设计防火规范》（GB 50016—2014）规定的丁、戊类工业建筑的非承重墙体的设计、施工、验收和维护管理。本标准包含的内容有基本规定、材料、墙体设计、制作和施工、质量与验收、使用与维护。

1.5.2.8《建筑工程施工质量验收统一标准》（GB 50300—2013）

本标准制定的目的是加强建筑工程质量管理，统一建筑工程施工质量的验收，保证工程质量，适用于建筑工程施工质量的验收，并作为建筑工程各专业工程施工质量验收规范编制的统一准则。本标准包含基本规定、建筑工程质量评定对象的划分、建筑工程质量评定等级、建筑工程质量评定程序和组织几方面的内容。

1.5.3 木结构建筑材料规范和标准

1.5.3.1《木材防腐剂》（GB/T 27654—2023）

本标准的制定旨在规范木材防腐剂的生产和使用，确保木材防腐处理的效果和安全性。本标准规定了木材防腐剂的术语和定义、分类、要求、试验方法、检验规则、标志、包装、运输和储存等方面的具体要求。通过对防腐剂成分、性能和应用的详细规定，该标准有助于提高木材产品的耐久性和环境适应性，同时保护消费者健康和生态环境。

1.5.3.2《防腐木材的使用分类和要求》（GB/T 27651—2023）

本标准规定了防腐木材在不同使用环境及菌虫侵害危险程度时的使用分类，以及处理后应达到载药量及透入度的要求。本标准适用于经水载型防腐剂及有机溶剂型防腐剂处理的木材及其制品。

1.5.3.3《防腐木材》（GB/T 22102—2008）

本标准规定了以水载型防腐剂和有机溶剂型防腐剂处理的木材的外观、材质、防腐处理等要求，以及检验方法与规则、运输与贮存的要求。本标准适用于建筑与装饰、工农业、矿业、船舶、港口、交通、园林景观等行业使用的防腐木材。

1.5.4 木结构建筑节能设计规范和标准

1.5.4.1 《民用建筑热工设计规范》（GB 50176—2016）

本规范旨在使民用建筑热工设计与地区气候相适应，确保室内基本的热环境要求符合国家节能减排的方针，适用于新建、扩建和改建民用建筑的热工设计。本规范不适用于室内温湿度有特殊要求和特殊用途的建筑，以及简易的临时性建筑。本规范包含室外基本参数、建筑热工设计要求、围护结构保温设计、围护结构隔热设计、采暖建筑围护结构防潮设计等方面的内容。

1.5.4.2 《公共建筑节能设计标准》（GB 50189—2015）

本标准旨在贯彻国家有关法律法规和方针政策，改善公共建筑的室内环境，提高能源利用率，促进可再生能源的建筑应用效率，降低建筑能耗。本标准适用于新建、扩建和改建的公共建筑节能设计。公共建筑节能设计应根据当地的气候条件，在保证室内环境参数条件下，改善围护结构保温隔热性能，提高建筑设备及系统的能源利用效率，利用可再生能源，降低建筑暖通空调、给水排水及电气系统的能耗。本标准包含的内容有建筑与建筑热工设计、供暖通风与空气调节、给水排水、电气、可再生能源应用。

1.5.4.3 《严寒和寒冷地区居住建筑节能设计标准》（JGJ 26—2018）

本标准旨在贯彻国家有关节约能源、保护环境的法律法规和政策，改善严寒和寒冷地区居住建筑热环境，提高采暖和空调的能源利用效率。本标准适用于严寒和寒冷地区新建、改建和扩建居住建筑的建筑节能设计。严寒和寒冷地区居住建筑必须采取节能设计，在保证室内热环境质量的前提下，建筑热工和暖通设计应将采暖能耗控制在规定的范围内。本标准中包含的内容有严寒和寒冷地区气候子区与室内热环境计算参数，建筑与围护结构热工设计，采暖、通风和空气调节节能设计。

1.5.4.4 《夏热冬暖地区居住建筑节能设计标准》（JGJ 75—2012）

本标准旨在贯彻国家有关节约能源、保护环境的法律法规和政策，改善夏热冬暖地区居住建筑热环境，提高空调和采暖的能源利用效率，降低能耗。本标准适用于夏热冬暖地区新建、改建和扩建居住建筑的建筑节能设计。夏热冬暖地区居住建筑的建筑热工和空调暖通设计必须采取节能措施，在保证室内热环境的前提下，将空调和采暖能耗控制在规定的范围内。本标准中包含的内容有建筑节能设计计算指标、建筑和建筑热工节能设计、建筑节能设计的综合评价，以及暖通空调和照明节能设计。

1.5.4.5 《夏热冬冷地区居住建筑节能设计标准》（JGJ 134—2010）

本标准旨在贯彻国家有关节约能源、环境保护的法规和政策，改善夏热冬冷地区居住建筑热环境，提高采暖和空调的能源利用效率。本标准适用于夏热冬冷地区新建、改建和扩建居住建筑的建筑节能设计。夏热冬冷地区居住建筑的建筑热工和暖通空调设计必须采取节能措施，在保证室内热环境的前提下，将采暖和空调能耗控制在规定的范围内。标准包含的内容有室内热环境和建筑节能设计指标，建筑和围护结构热工设计，围护结构热工性能的综合判断，采暖、空调和通风节能设计，等等。

1.5.5 木结构建筑其他设计规范和标准

1.5.5.1《民用建筑隔声设计规范》(GB 50118—2010)

本规范旨在减少民用建筑的噪声影响,保证民用建筑室内有良好的声环境。本规范适用于全国城镇新建、改建和扩建的住宅、学校、医院、旅馆、办公建筑及商业建筑6类建筑中主要用房的隔声、吸声、减噪设计。其他类建筑中的房间,根据其使用功能可采用本规范的相应规定。本规范包含的内容有总则、术语和符号、总平面防噪设计、住宅建筑、学校建筑、医院建筑、旅馆建筑、办公建筑、商业建筑、室内噪声级的测量方法等。

1.5.5.2《民用建筑通用规范》(GB 55031—2022)

本标准旨在规范民用建筑空间与部位的基本尺度、技术性要求及通用技术措施。民用建筑必须执行本规范。本标准包含的内容有总则、基本规定、建筑面积与高度、建筑室外场地、建筑通用空间、建筑部件与构造等。

1.5.5.3《建筑给水排水设计标准》(GB 50015—2019)

本标准旨在保证建筑给水排水工程设计质量,满足安全、卫生、适用、经济、绿色等基本要求。本标准适用于民用建筑、工业建筑与小区的生活给水排水以及小区的雨水排水工程设计。本标准包含的内容有总则、术语和符号、给水、生活排水、雨水、热水及饮用水供应等。

1.5.5.4《民用建筑电气设计标准》(GB 51348—2019)

本标准旨在民用建筑电气设计中贯彻执行国家的技术经济政策,做到安全可靠、经济合理、技术先进、整体美观、维护管理方便。本标准包含的内容有供配电系统,变电所,继电保护、自动装置及电气测量,自备电源,低压配电,配电线路布线系统,常用设备电气装置,电气照明,民用建筑物防雷,电气装置接地和特殊场所的电气安全防护,建筑电气防火,安全技术防范系统,建筑设备监控系统,信息网络系统,通信网络系统综合布线系统,建筑电气节能,建筑电气绿色设计,弱电线路布线系统,等等。

1.6 本章小结

本章从现代木结构的产生和发展、构成要素、设计的内容和程序、设计的要求和依据,以及木结构建筑设计的规范与标准5个方面进行概述,让读者了解到现代木结构建筑在我国具有一定的发展前景。现代木结构建筑技术在中国建筑行业有着相当广泛的运用,除了高端的别墅、度假村,木结构建筑还可应用在多层住宅以及商场、学校、办公楼等各种商业及娱乐设施中。随着新的建筑方法和技术的不断更新,用混凝土结构作为基础,以木结构作为顶层的混合结构已成为一种新的发展趋势。利用这种混合结构可建造多层建筑,并保持木结构的灵活性和绿色节能的优势,突破了传统的建筑形式。随着加拿大政府及行业协会在我国技术推广工作的不断深入，北美现代木结构建筑技术已引起国内关注，加拿大木业与我国各级政府正积极展开合作，修订、扩充了我国木结构建筑规范。木结构建筑技术已被广泛应用于单体及连体别墅、商业建筑、低层公寓、室外景观、政府平改坡及旧房改造等工程中。在对现代木结构建筑进行设计时，应当遵循相关要求和设计规范，依照设计程序有条不紊地推进工程项目。此外，还要熟悉国内木结构建筑的相关规范，合理完成现代木结构建筑的设计工作。

参考文献

《木结构设计手册》编写委员会. 木结构设计手册[M]. 3版. 北京: 中国建筑工业出版社, 2005.

北京土木建筑学会. 木结构工程施工操作手册[M]. 北京: 经济科学出版社, 2004.

国家市场监督管理总局, 国家标准化管理委员会. 防腐木材的使用分类和要求: GB/T 27651—2023[S]. 北京: 中国标准出版社, 2013.

国家市场监督管理总局, 国家标准化管理委员会. 木材防腐剂: GB/T 27654—2023[S]. 北京: 中国标准出版社, 2023.

潘景龙, 祝恩淳. 木结构设计原理[M]. 北京: 中国建筑工业出版社, 2009.

上海市城乡建设和交通委员会. 轻型木结构建筑技术规程: DG/T J08—2059—2009 [S/OL]. [2024-12-20]. https://jz.docin.com/p-349624715.html..

于伸. 现代木结构房屋的设计探讨[D]. 哈尔滨: 东北林业大学, 2004.

中国建筑标准设计研究院. 国家建筑标准设计图集: 木结构建筑: 14J924[M]. 北京: 中国计划出版社, 2015.

中华人民共和国国家质量监督检验检疫总局, 中国国家标准化管理委员会. 防腐木材: GB/T 22102—2008[S]. 北京: 中国标准出版社, 2008.

中华人民共和国住房和城乡建设部, 国家市场监督管理总局. 建筑防火通用规范: GB 55037—2022[S]. 北京: 中国建筑工业出版社, 2022.

中华人民共和国住房和城乡建设部, 国家市场监督管理总局. 建筑给水排水设计标准: GB 50015—2019[S]. 北京: 中国建筑工业出版社, 2019.

中华人民共和国住房和城乡建设部, 国家市场监督管理总局. 民用建筑通用规范: GB 55031—2022[S]. 北京: 中国建筑工业出版社, 2022.

中华人民共和国住房和城乡建设部, 国家市场监督管理总局. 木骨架组合墙体技术标准: GB/T 50361—2018[S]. 北京: 中国建筑工业出版社, 2018.

中华人民共和国住房和城乡建设部, 国家市场监督管理总局. 木结构通用规范: GB 55005—2021[S]. 北京: 中国建筑工业出版社, 2021.

中华人民共和国住房和城乡建设部, 国家市场监督管理总局.民用建筑电气设计标准: GB 51348—2019[S]. 北京: 中国建筑工业出版社, 2019.

中华人民共和国住房和城乡建设部, 中华人民共和国国家质量监督检验检疫总局. 公共建筑节能设计标准: GB 50189—2015[S]. 北京: 中国建筑工业出版社, 2015.

中华人民共和国住房和城乡建设部, 中华人民共和国国家质量监督检验检疫总局. 建筑工程施工质量验收统一标准: GB 50300—2013[S]. 北京: 中国建筑工业出版社, 2013.

中华人民共和国住房和城乡建设部, 中华人民共和国国家质量监督检验检疫总局. 建筑结构荷载规范: GB 50009—2012[S]. 北京: 中国建筑工业出版社, 2012.

中华人民共和国住房和城乡建设部, 中华人民共和国国家质量监督检验检疫总局. 建筑抗震设计标准: GB/T 50011—2010[S]. 北京: 中国建筑工业出版社, 2010.

中华人民共和国住房和城乡建设部, 中华人民共和国国家质量监督检验检疫总局. 胶合木结构技术规范: GB/T 50708—2012[S]. 北京: 中国建筑工业出版社, 2012.

中华人民共和国住房和城乡建设部, 中华人民共和国国家质量监督检验检疫总局. 民用建筑隔声设计规范: GB/T 50118—2010[S]. 北京: 中国建筑工业出版社, 2010.

中华人民共和国住房和城乡建设部, 中华人民共和国国家质量监督检验检疫总局. 民用建筑热工设计规范: GB 50176—2016[S]. 北京: 中国建筑工业出版社, 2016.

中华人民共和国住房和城乡建设部, 中华人民共和国国家质量监督检验检疫总局. 木结构工程施工规范: GB/T 50772—2012[S]. 北京: 中国建筑工业出版社, 2012.

中华人民共和国住房和城乡建设部, 中华人民共和国国家质量监督检验检疫总局. 木结构工程施工质量验收规范: GB 50206—2012[S]. 北京: 中国建筑工业出版社, 2012.

中华人民共和国住房和城乡建设部, 中华人民共和国国家质量监督检验检疫总局. 装配式木结构建筑技术标准: GB/T 51233—2016[S]. 北京: 中国建筑工业出版社, 2016.

中华人民共和国住房和城乡建设部. 轻型木桁架技术规范: JGJ/T 265—2012[S]. 北京: 中国建筑工业出版社, 2012.

中华人民共和国住房和城乡建设部. 夏热冬冷地区居住建筑节能设计标准: JGJ 134—2010[S]. 北京: 中国建筑工业出版社, 2010.

中华人民共和国住房和城乡建设部. 夏热冬暖地区居住建筑节能设计标准: JGJ 75—2012[S]. 北京: 中国建筑工业出版社, 2012.

中华人民共和国住房和城乡建设部. 严寒和寒冷地区居住建筑节能设计标准: JGJ 26—2018[S]. 北京: 中国建筑工业出版社, 2018.

2 现代木结构建筑常用材料

本章导读： 本章将现代木结构建筑常用材料分为木质材类、装饰材料、连接件以及木塑复合材料几个方面来介绍。其中，木材类分为实木类和复合材料类，装饰材料分为外表面材料、内表面材料以及填充材料。希望读者通过本章了解木结构建筑中常用材料的基本特性和用途，达到掌握合理利用这些材料方法的目的。

2.1 木质材料

木质建筑材料是指在建筑中使用的与木材有关的材料，可以分为实木和复合材料两大类。实木是指直接从树木中锯切或加工而成的木材，保持了天然木材的纹理、颜色和质感。复合材料是由多种不同材料组合而成的材料，通常包括木材和其他材料（如胶合板、纤维板等）。在木结构建筑工程中木质材料的选取由具体的设计需求、工程预算、材料获取的便捷性等因素共同决定。图2-1为木结构建筑中常用到的木质材料分类。

2.1.1 实木类

实木类木材，通常是指直接从树木中提取并经过加工的木材，它保留了木材的自然纹理和特性。实木木材因其天然美观、耐用性强和环保性好等特点，在家具制造、建筑结构、装饰和木工制作等领域被广泛使用。实木木材有多种类型，包括软木（如松木、杉木）和硬木（如橡木、胡桃木），以及经过处理的改性材以及胶合材，等等。不同种类的木材有不同的特性和用途。

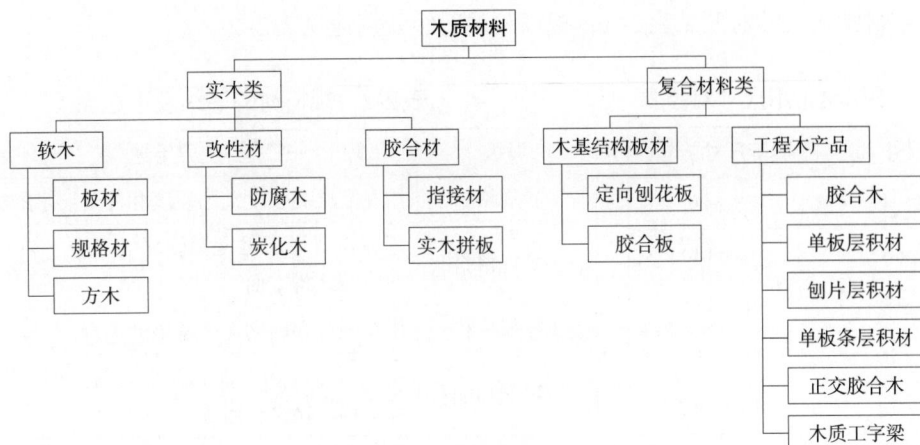

图 2-1 常用木质材料分类

2.1.1.1 软 木

软木为针叶材，其树干直而高大，纹理顺直，木质较软，易加工，常在工厂中加工成锯材，按需使用。锯材又分为规格材、板材、方木。

（1）规格材

规格材（dimension lumber）是一类宽度和高度按照规定尺寸加工而成的木料（图2-2）。

图 2-2 规格材

SPF规格材即由云杉（spruce）、松木（pine）、冷杉（fir）组成的系列木材，是产自加拿大的一类主要的商用软木材树种组合，是规格材中的常用品种。SPF规格材盛产于加拿大的软木林，主要产区为不列颠哥伦比亚省北部内陆、阿尔伯塔省北部及魁北克省。由于SPF规格材是在加拿大寒冷的北部林区缓慢生长的，因此其纹理紧密，节子细小，有利于生产出较直且较稳定的木材。因直度、强度重量比、可加工性、市场价值及可用性较高，SPF规格材成为建筑业最为广泛采用的树种组合。

规格材常用尺寸对照见表2-1，规格材的等级及用途见表2-2。

表2-1 规格材常用尺寸对照表

名义尺寸 /in[①]	实际尺寸 /mm
2 × 4	38 × 89
2 × 6	38 × 140
2 × 8	38 × 184
2 × 10	38 × 235
2 × 12	38 × 286

表2-2 规格材的等级及用途

等级	主要用途
1号规格材	用在需要高强度、高硬度和外观要求的场合
2号规格材	用在需要考虑强度和硬度的场合，如一般用在建筑结构方面
3号规格材	用在强度和硬度无关紧要的场合
经济级规格材	用在对强度和外观无关紧要的结构，如临时性结构、输送台面等

（2）板　材

板材是指宽度尺寸为厚度尺寸2倍以上者（图2-3）。板材常用尺寸对照见表2-3。

图2-3　板材

表2-3　板材常用尺寸对照表

名义尺寸 /in	实际尺寸 /mm
1 × 2	19 × 38
1 × 3	19 × 64
1 × 4	19 × 89
1 × 6	19 × 140
1 × 8	19 × 184

（3）方　木

方木是指直角锯切且宽厚比小于3、截面为矩形的锯材（图2-4）。

图2-4　方木

---

① in为英寸，1in=2.54cm。

在土建工程中，建筑方木常常会用作混凝土木刻楞，能起到加固木板的作用；在房屋装修方面，建筑方木常常会用作木龙骨，包括在地板的装修方面，起到非常重要的作用；在家具的生产中，建筑方木常常会用作很多家具的主干，起到支撑作用；此外，建筑方木在生活中通常起到抗震加固的作用。

方木的常规尺寸：38mm×38mm、40mm×90mm、45mm×90mm、50mm×100mm、55mm×68mm、80mm×80mm、90mm×90mm、100mm×100mm。

2.1.1.2 改性材

改性材是指通过物理或化学等加工处理方法，使物理、力学、化学性质和构造特征等改变的木材。改性材的耐腐性、阻燃性以及尺寸稳定性等方面较优异。用于建筑中的改性材是防腐木和炭化木。

（1）防腐木

防腐木是通过人工添加化学防腐剂处理的普通木材，赋予其防腐蚀、防潮、防真菌、防虫蚁和防霉变等特性。这种木材能够直接接触土壤和潮湿环境，因此常被用于户外地板、园林景观、娱乐设施、花架、秋千、木栈道等的制作，为人们提供既美观又实用的环境，以供休息和欣赏自然美景（图2-5）。

（2）炭化木

普通木材因含木质素、纤维素等营养成分，是霉菌寄生场所，耐腐蚀性能欠缺。高温炭化处理是指经过200℃左右的技术处理，破坏木材的营养成分，使得霉菌无营养来源，木材从而具备出色的防腐、防虫性能。

炭化木（图2-6）分为表面炭化木和深度炭化木。表面炭化木是用氧焊枪烧烤，使木材表面产生一层炭化层，常用于制作大型别墅建材、店铺外墙、户外亭子、走廊、花架等。深度炭化木又称炭化木、同质炭化木，主要用于制作地板，还可以用于制作秋千、葡萄架、木屋等。

图2-5　户外防腐木

图2-6　炭化木

2.1.1.3 胶合材

胶合材是指将多层材料通过胶合剂黏合在一起形成的复合材料。这种材料广泛应用于建筑、家具制造、交通运输、包装和体育器材等领域。胶合材的特点是利用胶合剂的黏接作用，将不同材料进行层积叠加，以达到提高材料整体性能的目的。

（1）指接材

指接材是指将木材短小料或废料垂直或平面地连接到一起的材料（图2-7），采用锯齿状接口连接，类似两手手指交叉，因此称为指接材。选择水平型还是垂直型的指接材，是根据指接材使用部位及要求的指接强度、指接材的切削余量、指榫加工精度、加工条件和结构安全性等指标综合判断决定的。就指接板材而言，垂直型与水平型相比，指接强度几乎相同。指接材可以应用于结构梁的生产，还能作为增值产品应用于各种产品的表面，如门窗部件、橱柜部件等。

图2-7　指接材

指接材的特点如下：

①大材小用，劣材优用：指接材是通过将短材、废料在长度方向纵接胶合而成的胶合材，因此可按要求制作任意长度的构件，使得短材、废料得到利用。指接材在胶合前，会剔除节子、虫眼、腐朽等木材缺陷，可以制造出无缺陷的材料，达到劣材优用的目的。

②易于干燥：指接材的原料为短小料，因此干燥更充分，制成的构件各部分含水率较均匀，与大块锯材相比，开裂变形小。

③多功能性：指接材在加工前可预先对板材进行防腐、防火、防虫等处理，相对于大截面锯材来讲，大大提高了药物处理的深度和效果，使得制品具有良好的防腐性、防虫性和防火性。

④易于连续化生产：由于指接材的生产流线较短、人力要求不高，因此可以实现快速连续化生产。

指接材的生产工艺流程：木料准备→工件两端铣削指榫→指榫涂胶→指接加压→指接材加工。

（2）实木拼板

实木拼板是指利用材料规格小的窄木条横向胶拼，上下两个面先进行砂光，再热压带花纹且材性较好的硬木刨切薄木单板，从而制成的板材，是非结构性木制品（图2-8）。由于窄木条内的自然应力趋向于相互补偿，成品面板的尺寸非常稳定。在黏合之前应将木材干燥至均匀的水分含量（通常小于8%），以防止不均匀的收缩或膨胀而可能导致的后续问题。为了追求木材的自然美感，实木拼板上下表面也可以热压薄木，并选择多种纹理有差异的木材窄料胶拼，呈现木材的本色。

拼板的优点在于断面纹理的随机化选择，使得拼板不易发生翘曲，具有良好的尺寸稳定性。

图2-8　拼板

2.1.2 复合材料类

2.1.2.1 木基结构板材

目前，市面上存在两类结构用木基人造板，分别为针叶材胶合板和定向刨花板。两种板材尺寸相同，均为"再生式"产品，通过高温、高压和结构用胶，将很小的材料颗粒或碎片黏合，制造出成品。两种板材适用于轻型木结构楼盖覆面板、屋面板和墙面板等。

作为覆面板的结构木基人造板整体性很强，可将荷载传递至主要结构承重构件，使结构整体刚性达到要求。

（1）定向刨花板

定向刨花板（oriented strand board，OSB）是把结构细致、纤维纹理顺直的松树，经去皮、顺着木纹方向切成具有一定几何形状的刨花，再经干燥、施加合成树脂胶和防水剂，模拟天然木材的纤维排列方向经定向铺装成板坯后，经高温热压制成的一种工程结构板材（图2-9）。它的上下层是对称的，表面刨花呈纵向排列，芯层刨花呈横向排列。这种重叠垂直交错的结构使成品具有极高的机械性能和尺寸稳定性，能在长时间承受重负荷的情况下，保持不变形。板材的任何一个地方，其密度、厚度、强度都均匀一致，不存在任何孔洞、空心、节子、裂缝等缺陷。同时，定向刨花板还具有保温、隔热、耐火、耐冲击、防潮等特点。定向刨花板的系列产品常应用于房屋建筑构件,包括内外墙板、楼板、大跨梁、工字梁等;建筑用模板;活动住房、展示亭、货架、装饰墙、广告板、建筑屏障等;室内家具,包括所有木制品,如柜、储藏箱、沙发等;室内装修;集装箱底板、包装箱板、装卸底盘、汽车车厢;等等。

定向刨花板生产工艺流程:原料→剥皮→刨片→湿刨花料仓→干燥→筛选→干刨花料仓→拌胶→定向铺装成型→板坯修边→连续热压→齐边、横截→翻板冷却→规格裁板→检验、分等、入库。

(2)胶合板

胶合板(plywood)是一种木基结构板材(图2-10),是由薄木板层叠热压胶合而成的。通常,薄木板的木纹方向在胶合板中心面两侧是平衡的,胶合板的每一层(由单层或多层薄木板组成)与其相邻层交叉垂直放置。这使其在纵向和横向两个方向上都有良好的强度和刚性,并且具有极好的尺寸稳定性。

图 2-9 定向刨花板

图 2-10 胶合板

为了尽量改善天然木材各向异性的特性,使胶合板特性均匀、形状稳定,一般胶合板在结构上都要遵守两个基本原则:一是对称;二是相邻层单板纤维互相垂直。对称原则就是要求胶合板对称中心面两侧的单板,无论木材性质、单板厚度、层数、纤维方向、含水率等,都互相对称。在同一块胶合板中,可以使用相同树种和厚度的单板,也可以使用不同树种和厚度的单板;但中心面两侧任何两层互相对称的单板,其树种和厚度要一样,面板和背板允许不是同一树种。

2.1.2.2 工程木产品

工程木产品是经二次加工的木材产品和构件,它比传统的结构用木材有更广泛的用途。一般来讲,工程木产品的木材利用率高,并且更为坚固,可以加工成长度较长的构件并应用于跨度较大的建筑中。工程木产品的设计和生产可以满足特殊的性能要求。

(1)胶合木

胶合木(glulam)又称集成材,是常用的木结构建筑用材(图2-11)。胶合木是用板材或小方材按木纤维平行方向，在厚度、宽度和长度方向胶合而成的木材制品，是目前国际市场上流行的一种较新产品，与木质工字梁、单板层积材同为主要的工程材产品。胶合木常应用于无支撑物的大跨度建筑结构和宏伟的高空木拱结构，以及为体育馆、学校、娱乐场馆、室内游泳馆等大型宽敞场所提供有效的围栏，还能应用于桥梁与水边建筑。

图 2-11　胶合木

胶合木的优点如下：

①能利用较短、较薄的木材，组成几十米或上百米的大跨度构件，制作成各种不同的外形，构件截面也可制作成矩形、"工"字形、箱形等较合理的形状。胶合木解决了原木尺寸的限制，可以灵活设计建筑平面和外形，扩大了木结构的应用范围。

②可以剔除木材中的节子、裂缝等缺陷，提高了材料的强度；也能根据构件受力情况进行合理级配，量材使用，将不同等级的木材用于构件不同的应力部位，达到提高木材使用率以及劣材优用的目的。

③制作胶合木的木板易于干燥，当干燥后的含水率小于15%时，制成的胶合木构件一般无干裂、扭曲等缺陷。

④可改善原木、方木结构构件连接处强度较弱这一缺点，整体刚度好。

⑤经防火设计和防火处理的大截面胶合木构件，具有良好的耐火性。

⑥保温、隔音性能好。

⑦可以工业化生产，提高生产效率，尺寸能满足较高的精度。

⑧构件自重轻，有利于运输、装卸以及现场安装，并且能减少整个建筑物基础部分的工程造价。

胶合木的生产工艺流程：制材→干燥→板刨削加工→板材分等→剔除木材缺陷→板材长度、宽度方向胶合→胶合面刨削→配板→涂胶→加压胶合→胶合木裁边→砂光→检验→成品。

（2）单板层积材

单板层积材（laminated veneer lumber，LVL）是用旋切的厚单板，经施胶、顺纹组坯、施压胶合而得到的一种结构材料（图2-12）。单板层积材产品主要用于大型出口包装箱、集装箱垫木、建筑模板构件、建筑横梁、车厢板、家具、地板、房屋装修木龙骨，及包装用材等。

图 2-12　单板层积材

单板层积材的优点如下：

①结构均匀、尺寸稳定性好：单板层积材的层积结构大大减少了板材出现翘曲和扭转等缺陷的可能，具有良好的稳定性，变形小。

②强度高：单板层积材是强重比很高的建筑材料，优于钢材。单板层积材具有均匀的结构特性，可靠性较高。

③经济性较高：单板层积材对原料无特殊要求，可利用速生材、小径级材及短小材为原料。单板层积材的经济性集中表现在劣材优用、小材大用的增值效应上。它可以使用不同树种、不同质量的木材进行层积胶合，无须剔除节子等缺陷，与集成材相比可提高1倍以上的出材率。

④便于处理：根据产品的使用环境要求，便于对单板层积材进行防腐、防虫和防火等特殊处理。该类产品以工厂生产加工为主，出厂前已达到相关性能指标。

⑤生产和应用可以实现标准化、系列化：生产过程中按照一定的标准将单板分等，生产出不同等级质量标准的产品。

单板层积材的生产工艺流程：原木截断→蒸煮→剥皮→单板旋切→单板剪切→单板干

图 2-13 刨片层积材

图 2-14 单板条层积材

图 2-15 正交胶合木

燥→单板分等→单板斜接→单板涂胶→组坯→预压→热压→锯割→堆垛→检验→包装入库。

（3）刨片层积材

刨片层积材（laminated strand lumber，LSL）是一种复合结构木材（图2-13），是将刨削的薄木片均匀施胶，定向铺装加温加压制成的板材。刨片层积材采用速生树种如阔叶树白杨作为原料，削成木片的厚度为0.9～1.3mm，宽度为13～25mm，长度约为300mm；成品板材厚度为140mm，宽度约为1.2m，长度约为14.6m，含水率为6%～8%。刨片层积材在使用时可在宽度和长度方向做切割。

（4）单板条层积材

单板条层积材（parallel strand lumber，PSL）是一种层积复合材料（图2-14）。它利用小径材或生产人造板时产生的边角料作为原料，是将其切割成一定尺寸的单板条，再将其沿木材顺纹方向铺装热压成型制作而成的一种板材。它将天然木材的缺陷如节子、腐朽、斜纹等均匀分布在整个板材结构中，从而改善了板材的性能稳定性，可以代替实木锯材从而被人们所利用，提高了木材综合利用率和企业的经济效益，是一种很有发展前途的产品。

单板条层积材的生产工艺流程：原料准备→单板切条→单板条干燥→喷胶→铺装→热压→冷却→检测。

（5）正交胶合木

正交胶合木（cross laminated timber，CLT）是一种新型木结构建筑材料（图2-15），采用窑干的杉木指接材经分拣和切割形成木方，经正交叠放后，使用高强度材料胶合成实木板材，可按要求定制面积和厚度。其特点是将横纹和竖纹交错排布的规格木材胶合成型，强度可替代混凝土材料，且以该材料组合成的木结构建筑具有良好的抗震性能。正交胶合木属重型木结构，大面积的正交胶合木可直接切割后作为建筑的外墙、楼板等，适用于地面以上建筑。因使用该材料具有高效、高速施工的优势，且对气候要求极低，可极大地加快施工进度。

正交胶合木有极好的耐火性，这与重型木结构的特性相似。一旦发生火灾，正交胶合木板料表层会缓慢炭化，同时能在较长时间内维持内部原有的结构强度。因此，这种炭化效果也能进一步保证木板的结构强度。

正交胶合木板的加工步骤与其他的工程实木产品有相似之处。正交胶合木是将连续垂直相交的木板堆积，然后使用较大的液压机或真空压力机使堆积的木板压成相互紧锁的木板。在某些情况下需要再用计算机数控控制机器对压制后的木板进行进一步加工以确定其规格大小及形状，使其最后加工成所需的建筑构件。不同的生产商生产的正交胶合木有所差异，这主要取决于木料种类、级别和木层大小、胶黏剂类型和连接工艺的细节。每一块压制好的木板的木片层数一般为3～7层，甚至更多，木板的厚度为10～40.5cm。

（6）木质工字梁

木质工字梁（I-joist）就是用单板层积材或指接锯材做翼缘，用定向刨花板或胶合板做腹板，并通过木材用胶黏剂胶合生产出横截面为"工"字形结构的组合型材（图2-16）。其实凡是具有翼缘和腹板的"工"字形的托梁都可称为工字梁。在北美地区，工字梁的生产方法一般有两种：确定长度生产法和连续生产法。其中连续生产法的翼缘材料主要是经过分等的实木锯材。这种方法相对于确定长度法来说，自动化程度高，对设备和厂房的要求高，同时生产效率也高。

图2-16　木质工字梁

木质工字梁的结构虽然简单，但是其本身是一个非常成功的力学设计产品，再加上木质工字梁在不同部位使用了不同的材料，因此能更好地满足力学和产品成本的需求。木质工字梁使用了力学强度可靠的单板层积材，加上本身的合理化设计，比实木梁具有更高的强度和刚度，更好的尺寸稳定性，更大的跨度能力，以及更小的翘曲、扭曲和劈裂的可能性。更低的含水率意味着更低的伸缩率和更长的寿命。木质工字梁由于翼缘和腹板使用了不同的材料，施工时可以在较薄的腹板上开孔，这就使得采暖通风、空调管道和电气布线的钻孔变得更加容易。因此，其给居室装饰提供了更好的设计构想，同时也节省不少材料。另外，木质工字梁本身轻便的特性使得其更容易运输、装卸，减少了劳动力，节省了成本。

2.2 装饰材料

2.2.1 外表面材料

2.2.1.1 聚氯乙烯外墙挂板

聚氯乙烯（polyvinyl chloride，PVC）外墙挂板是一种高分子复合材料，是由乙烯基化合物和多种添加剂复合而成的双层结构的外墙装饰材料，是一种新型绿色建材，用于建筑物的外墙，起到装饰与防护的作用（图2-17）。聚氯乙烯外墙挂板的热传导系数比较低，低于瓷砖和涂料；另外，其独特的锁扣结构可以非常方便地和保温材料结合在一起，形成聚氯乙烯外墙挂板的保温体系。

聚氯乙烯外墙挂板的特点如下：

①聚氯乙烯外墙挂板采用仿木纹理设计，具有淳朴自然的美感，有多种颜色和质感可供选择。聚氯乙烯外墙系列挂板可以搭配使用，亦可以配合其他品质的外墙装饰材料，如文化石、装饰砖等不同质感的材料，在不同部位使用，构成变化丰富的组合，给人留下深刻的视觉感受。

②聚氯乙烯外墙挂板采用了高效、长效抗紫外线稳定剂组成的特殊复合材料，耐老化、抗辐射，可以抵抗各种恶劣天气，使用年限可达30年以上。

图 2-17　聚氯乙烯外墙挂板

③聚氯乙烯外墙挂板具有良好的韧性、耐钉性与抗外力冲击性，可根据不同的工程设计及工艺要求任意裁剪、弯曲以变化造型，不会脆裂，不易刮损，耐酸碱和水汽的侵蚀，导热系数低，自熄阻燃，达到难燃级标准，能有效延缓火势蔓延。

④聚氯乙烯外墙挂板安装工艺简单快捷，全干式作业，牢固可靠，缩短了工期，降低了安装成本。

2.2.1.2 木纹水泥板

木纹水泥板是一种装饰用的纤维水泥板（图2-18），经过高温、高压蒸煮处理后所得。板材的主要成分是水泥、纤维和其他矿物质。因其表面带有凹凸的天然雪松木材纹理，所以木纹水泥板的外观更自然、美观。

图 2-18　木纹水泥板

木纹水泥板作为墙体装饰材料，具有以下特点：

①产品质轻：重量是同等厚度砖墙的1/15，砌块墙体的1/10，有利于结构抗震，而且可以有效降低基础及结构主体的造价。

②保温隔热：木纹水泥板使用了波特兰水泥（硅酸盐水泥）和植物纤维混合的结构，导热系数为0.176W/（m·K），与石膏板相似，与灰砂砖砌块相比隔热性能更好。

③防火性能好：木纹水泥板本身属于不燃材料，而且在其他物质燃烧时会吸收大量的热，能延缓周围环境温度的升高，具有良好的防火阻燃性能。

④装饰功能好：木纹水泥板表面凹凸不平，花纹立体美观，板与板之间通过接缝处理可形成无缝表面，且表面可以直接进行装饰。

⑤绿色环保：木纹水泥板以天然波特兰水泥和植物纤维作为原料，制作过程中不使用会释放有害气体的材料，不含对人体有害的石棉。

⑥强度高：抗弯强度达到322kgf/cm^2（垂直）、216kgf/cm^2（水平），抗弯破坏载重达到87kgf/cm^2（垂直）、58kgf/cm^2（水平）。

木纹水泥板常见规格为200mm×3000mm×8mm，可应用于防火小木屋、汽车旅馆、民宿、别墅、休闲农场、屋顶、造型墙、浴室或其他室内外装修工程。

2.2.1.3 木质挂板

木质挂板又称木质成品装饰挂板，是在装修过程中制作设计木质材料、木工、油漆的木制成品装饰构件（图2-19）。其广泛应用于别墅、多层或高层公寓楼、办公楼及娱乐场所的墙面装饰、装修，有隔音、保温的作用，特殊工艺挂板还具有一定的防火功能。

木质挂板由设计师依据装饰现场情况、挂板将要安装的位置以及个人喜好来设计图纸，然后木工根据图纸设计挂板的结构、色泽再下料，通过贴面、封边、开槽、打磨、油漆等工序加工而成。

木质挂板的特点如下：

①解决了现场喷漆时油漆对环境的污染。

②解决了油漆固定面喷漆时，由于油漆喷得过厚而影响挂板的平整度和质感，而且现在喷漆容易产生流挂现象。

③木工现场制作，接缝拼接效果不好，平整度及对称效果不好。

④设计师制作前会进行现场考察，搭配颜色、样式，使装饰效果满足预先设想并与室内移动装饰家具配套。

⑤油漆板是单面喷漆，而木质挂板双面贴木皮、双面喷漆，所以木质挂板变形能力强于油漆板。

图 2-19 木质挂板

2.2.1.4 纤维水泥压力板

纤维水泥压力板（fiber cement board，FC板），是以天然纤维和水泥为原料，经制浆、成型、切割、加压、养护而成的一种新型建筑板材（图2-20），属于新一代绿色建材，在优良的防潮、防火性能基础上独具环保性能。其广泛用于民用建筑和工业建筑中，可用于建筑的楼板、内墙板、外墙板、吊顶板、幕墙衬板、复合墙体面板、绝缘材料、屋面铺设等。

纤维水泥压力板的特点如下：

①防火绝缘，防水防潮：为不燃A级，火灾发生时板材不会燃烧，不会产生有毒烟雾；导电系数低，是理想的绝缘材料；在半露天和高湿度环境中，仍能保持性能的稳定，不会下陷或变形。

②隔热隔声，质轻强度高：导热系数低，具有良好的隔热保温性能，产品密度高、隔声性能好；不仅强度高，而且不易变形、翘曲。

③施工简易，经济美观：干式作业，龙骨和板材的安装施工简易，速度快；质轻，与龙骨配合能有效降低工程和装修成本；外观颜色均匀、表面平整，直接使用可使建筑表面色彩统一。

④安全无害，寿命超长：低于国家标准《建筑材料放射性核素限量》（GB 6566—2010）要求，耐酸碱、耐腐蚀，也不会遭潮气或虫蚁等侵害，而且强度和硬度会越来越强，有超长的使用寿命。

图 2-20　纤维水泥压力板

2.2.1.5 石棉水泥瓦

石棉水泥瓦是以水泥为基本材料，配以天然石棉纤维为增强材料，经先进生产工艺成型、加压、高温蒸养而制成的，一种具有防火、防水、防震、耐严寒、耐高温、耐腐蚀、强度高、价格低、使用寿命长、施工简便等优良性能的新型屋顶防水建筑材料（图2-21）。有的会在配料、制坯时夹一层冷拔低碳钢丝网以加强强度。

图 2-21　石棉水泥瓦

2.2.1.6 高分子复合瓦

高分子复合瓦与传统瓦相比，具有质轻、防腐、耐候、使用寿命长等特点，常见的有玻璃钢波形瓦和聚氯乙烯波纹瓦。

玻璃钢波形瓦是用不饱和聚酯树脂和玻璃纤维作为原料，经手工糊制而成的波形瓦（图2-22）。这种波形瓦质轻、强度大、耐冲击、耐高温、透光、有色泽，适用于建筑遮阳板及车站月台、凉棚等的屋面。

聚氯乙烯波纹瓦是以聚氯乙烯树脂为主体，加入其他配合剂，经塑化、压延、压波而制成的波形瓦（图2-23）。这种瓦质轻、防水、耐腐、透光、有色泽，常用于车篷、凉棚等结构中，也可用作遮阳板。

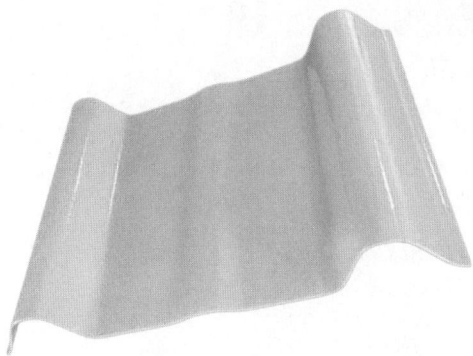

图 2-22　玻璃钢波形瓦

图 2-23　聚氯乙烯波形瓦

2.2.1.7 玻璃纤维沥青瓦

玻璃纤维沥青瓦是以玻璃纤维毡为胎基，经浸涂石油沥青后，一面覆盖彩色矿物颗粒，另一面撒以隔离材料，经切割制成的瓦状屋面防水材料（图2-24）。其具有自重轻、耐候性较强、抗高低温性能佳、安装简便、无污染等优点。

（a）

（b）

图 2-24　玻璃纤维沥青瓦

2.2.1.8 烧结瓦

烧结瓦是以杂质少、塑性好的黏土为主要原料，经模压或挤压成形、干燥、焙烧而成的制品，是一种用于屋面的防水材料（图2-25）。其按颜色分为青瓦和红瓦，按形状分为平瓦、脊瓦、鱼鳞瓦、筒瓦、滴水瓦等。

图 2-25　烧结瓦

2.2.2 内表面材料

2.2.2.1 扣　板

扣板是室内装修常用的一种材料（图2-26），根据装修施工工艺来命名，安装在顶棚、墙面等处。

图 2-26　扣板

2.2.2.2 乳胶漆

乳胶漆是以丙烯酸酯共聚乳液为代表的一大类合成树脂乳液涂料。乳胶漆是水分散性涂料，是以合成树脂乳液为基料，填料经过研磨分散后加入各种助剂精制而成。乳胶漆具备了与传统墙面涂料不同的众多优点，如易于涂刷、干燥迅速、漆膜耐水、耐擦洗性好等。

2.2.2.3 墙　纸

墙纸也称壁纸，是一种用于裱糊墙面的室内装修材料，广泛用于住宅、办公室、宾馆、酒店的室内装修等。其材质不局限于纸，也包含其他材料。壁纸分为很多类，如覆膜壁纸、涂布壁纸、压花壁纸等。通常先用漂白化学木浆生产原纸，再经过不同工序的加工处理，如涂布、印刷、压纹或表面覆塑，最后经裁切、包装后出厂。其具有一定的强度、韧性、美观的外表和良好的防水性能。

2.2.2.4 防水透气膜

防水透气膜（呼吸纸）是一种新型的高分子防水材料（图2-27），建筑用防水透气膜多为微孔膜，主要应用于墙体和屋面，功能主要是防止结露、保护保温层，可以应用在坡屋面、轻钢屋面、外墙、钢结构和木结构等。

防水透气膜的特点如下：

①耐高温：工作温度可达250℃。

②耐低温：具有良好的机械韧性，即使温度下降到−196℃，也可保持5%的伸长率。

③耐腐蚀：对大多数化学药品和溶剂表现出惰性，能耐强酸强碱、水和各种有机溶剂。

④耐候性：不吸潮，不燃，对氧气、紫外线均极稳定，在塑料中使用寿命最佳。

⑤高润滑：固体材料中其摩擦力最小。

⑥不黏附：在固体材料中其表面张力最小，不黏附任何物质。

⑦无毒害：具有无毒性，作为人工血管和脏器长期植入人体内无不良反应。

图 2-27　防水透气膜

2.2.2.5 防水卷材

防水卷材主要用于建筑墙体、屋面，以及隧道、公路、垃圾填埋场等处，是抵御外界雨水、地下水渗漏的一种可卷曲成卷状的柔性建材产品（图2-28）。作为工程基础与建筑物之间无渗漏连接的构件，它是整个工程防水的第一道屏障，对建筑工程的质量起到了至关重要的作用。

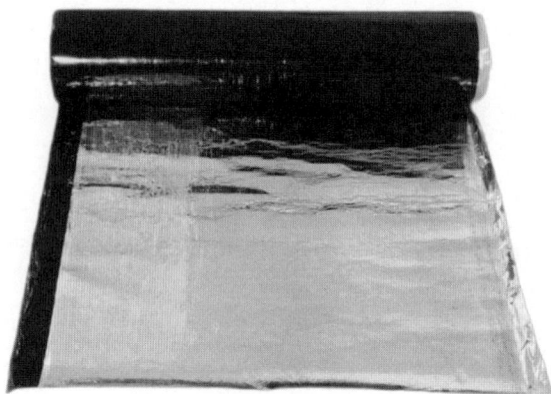

图 2-28　防水卷材

　　防水卷材既具有优良的耐老化、耐穿刺、耐腐蚀性能，可以直接接触紫外线辐射，耐高温、低温性能良好，广泛用于屋面防水，又能耐各种酸碱的腐蚀，还具有优良的抗拉、抗震性能，所以广泛用于地下室基础防水。另外，因其抗撕、抗拉性能强，各种会与人接触的屋顶或墙面一般优先采用防水卷材。

　　防水卷材的分类如图 2-29 所示。

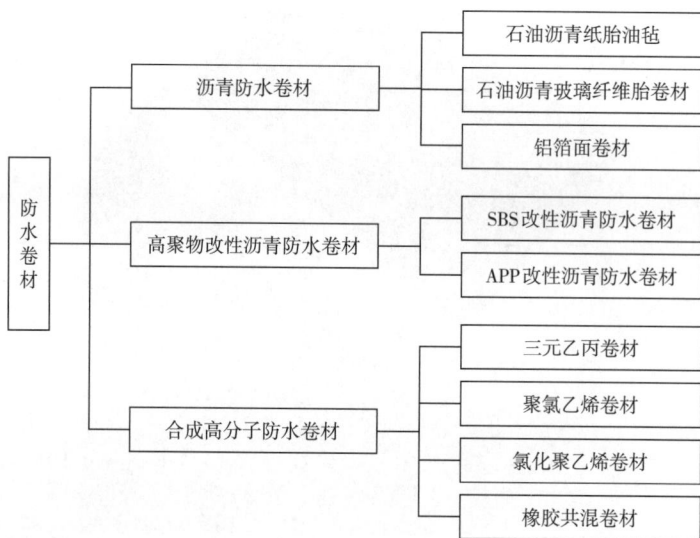

图 2-29　防水卷材的分类

2.2.3 填充材料

2.2.3.1 玻璃纤维棉

　　玻璃纤维棉是一种性能优异的无机非金属材料（图 2-30），种类繁多，优点是绝缘性好、耐热性强、抗腐蚀性好、机械强度高，但缺点是性脆、耐磨性较差。它是以玻璃球或废旧玻璃为原料，经高温熔制、拉丝、络纱、织布等工艺制成的。玻璃纤维棉常置于墙体内，起到吸音保温的作用。

2.2.3.2 矿　棉

矿棉（图2-31）及其制品质轻、耐用、不燃、不腐、不受虫蛀，是优良的隔热保温、吸声材料。矿棉与黏合剂经成型、干燥、固化等工序可制成各种矿棉制品。干法矿棉板和矿棉毡结合，可制成建筑物内、外墙的复合板，以及屋顶、楼板、地面结构的保温、隔声材料。湿法、半干法刚性板可作为公共与民用建筑物的天花板及墙壁等内装修吸声材料。矿棉毡（管、板）可作为工业热工设备和冷藏工厂的保温隔热材料。

图 2-30　玻璃纤维棉

2.2.3.3 纸面石膏板

纸面石膏板作为一种墙体材料（图2-32），在建筑上占有重要地位。纸面石膏板以建筑石膏为主要原料，掺入纤维、外加剂（发泡剂、缓凝剂等）和适量轻质填料，加水搅拌成料浆，浇注于纸面上，成型后再覆上一层面纸。料浆经过凝固形成芯板，经切断、烘干，与护面纸牢固地结合在一起。纸面石膏板质轻、保温隔热性能好、防火性能好、可钉、可锯、可刨、施工安装方便，主要用作建筑物内隔墙和室内吊顶材料。纸面石膏板分为普通纸面石膏板、耐水纸面石膏板和耐火纸面石膏板3类。

图 2-31　矿棉

2.2.3.4 硅酸钙板

硅酸钙板作为新型绿色环保建材（图2-33），除具有传统石膏板的功能外，更具有优越的防火性能及耐潮性、使用寿命超长等优点，大量应用于商业工程建筑的吊顶和隔墙、家庭装修、家具的衬板、广告牌的衬板、船舶的隔舱板、仓库的棚板、网络地板（布线地板），以及隧道等工程的壁板。

图 2-32　纸面石膏板

2.3　连接件

木结构建筑中，连接件的作用是将各结构构件和覆面材料连接在一起，并承担和分散荷载，帮助结构抵

图 2-33　硅酸钙板

抗特殊荷载，如地震荷载和风荷载。连接件是建筑设计和建筑总体结构性能的一个基本部分。

2.3.1 钉子类

木结构建筑中，钉子是连接各构件不可或缺的组成部分，常用钉子的类型及特性见表2-4。

表2-4　木结构建筑常用钉子类型及特性

名称	特性说明	图示
普通钉（圆光钉）	是最普通、使用最广泛的钉子。由各种类型的钢丝压制而成。钉头尖锐，钉帽偏宽，钉帽直径约为钉杆长度的3倍。从22mm到150mm，每6mm递增一个规格。普通抛光面层普通钉适用于室内，镀锌面层普通钉适用于室外。常用于轻型木结构的连接	
箱钉	与普通钉类似，主要用于木箱连接，以及一些轻型作业，如连接特殊纤维板	
环纹钉	钉杆有横向环纹以增强钉子的持握力。环纹钉也有不同类型：用于墙板的环纹钉钉帽偏宽，由边缘到中心逐渐变厚；用于地板的环纹钉钉帽则和普通钉类似；墙板环纹钉用于石膏板和结构框架的连接；地板环纹钉用于楼面覆面板和结构框架或实木地板和楼面覆面板的连接	
螺纹钉（麻花钉）	由方形截面的钢丝旋拧制成。同样长度的螺旋钉比普通钉的钉杆细。抗剪切力弱，但持握力极佳，用于安装普通楼面、墙面及屋顶覆面板，或者企口屋面板，以及侧面用钉的重型屋面板	
双帽钉	双帽钉只比普通钉多一个钉帽，便于拆除。用于将移除的临时结构，如脚手架或混凝土模板等	
屋面钉	有对应不同用途的多种屋面钉。右图中的屋面钉可用于安装屋面防潮纸、油毡和沥青瓦，也可用于连接抹灰面的钢丝网、纤维板和保温材料敷面板，其钉帽很宽（直径约为11mm），钉杆直径在3mm以上	
带橡胶垫层屋面钉	为铝制，钉杆带螺旋或刻纹，钉帽后方带有氯丁橡胶垫层，可在钉入屋面材料后起到防水作用。用于铝制、钢制或玻璃纤维屋面平板或波纹板的连接	

续 表

名称	特性说明	图示
木瓦钉	同箱钉类似,其钉帽小、钉杆细,用于屋面木瓦或墙面木挂板的连接	
饰面钉	由各种类型的钢丝压制而成,一端为钉头,另一端有球状钉帽,可使用钉枪将钉帽钉入木头。用于线条等装饰材料的安装,球状钉帽可沉入木头表面。镀锌饰面钉可用于室外线条或挂板安装	
地板钉	和平头饰面钉类似,但直径大一半。用于安装实木地板及表面钉接 10mm 厚的楼面板	
水泥钉	由高碳钢经热处理制成的水泥钉强度很高。为防止脱落,钉杆为六角或八角截面并带有环纹。钉杆直径约为同等长度普通钉的 2 倍。用于木材或其他材料与混凝土的连接。易腐蚀,不宜用于潮湿环境	

2.3.2 金属连接件

在所有的金属连接件中,搁栅托架、锚固件、直角连接件、底部固定连接件等最为重要。

2.3.2.1 搁栅托架

搁栅托架(图2-34)分为单片搁栅托架及双片搁栅托架,用于搁栅与梁的连接。具体施工中,搁栅可先行钉固,之后再安装搁栅托架。

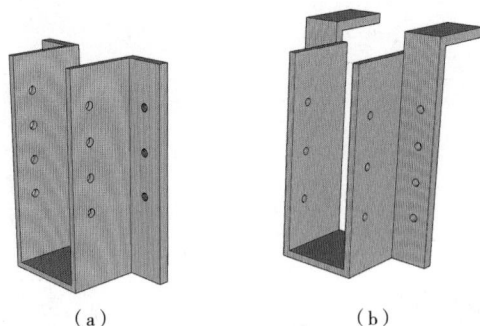

(a)   (b)

图 2-34　搁栅托架

2.3.2.2 重型搁栅托架

重型搁栅托架(图2-35)用于结构搁栅与梁的连接,它使用的钢材比普通搁栅托架厚,可根据结构件的尺寸进行定制。

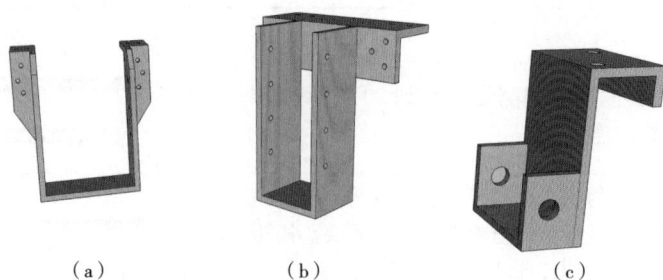

（a）　　　　　　　　（b）　　　　　　　　（c）

图 2-35　重型搁栅托架

2.3.2.3结构锚固件

结构锚固件（图2-36）用于"十"字形或T形交错的两个部件锚固。

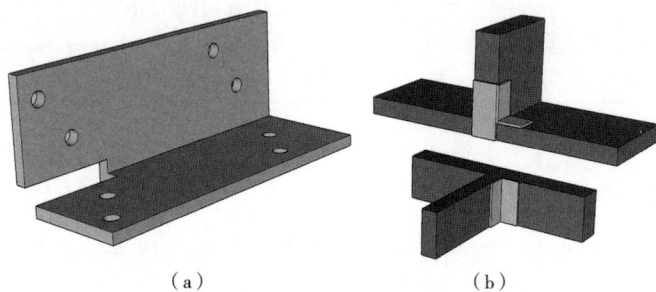

（a）　　　　　　　　　　　　　　　　（b）

图 2-36　结构锚固件

2.3.2.4直角连接件及底部固定连接件

直角连接件及底部固定连接件（图2-37）用于交错的主梁、竖向柱子及剪力墙的锚固。

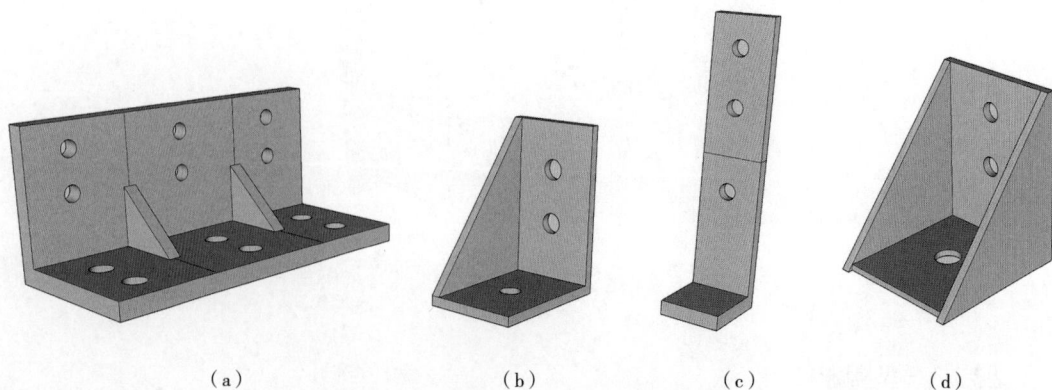

（a）　　　　　　　　（b）　　　　　　　（c）　　　　　　　（d）

图 2-37　直角连接件及底部固定连接件

2.3.2.5 梁柱连接件

梁柱连接件（图2-38）用于梁与柱的连接或柱与混凝土基脚的连接，有多种尺寸。

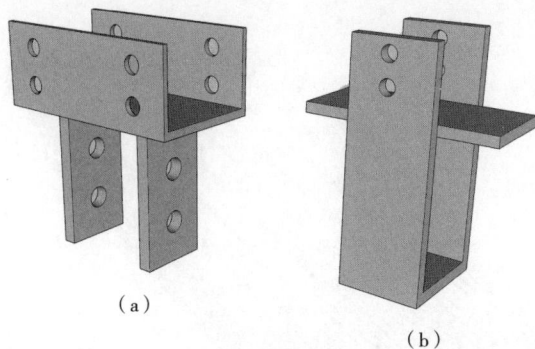

（a）

（b）

图 2-38 梁柱连接件

2.3.2.6 拉带及连接板

拉带（图2-39）由全长冲孔的金属板制成，用于墙骨柱的表面固定，可避免开槽或开孔。连接板也有多种形状和尺寸，用于加固节点或连接木材，也可用于屋脊或墙体交角处的结构部件连接。需要采用钉连接或螺栓锚固预冲孔。

2.3.2.7 齿　板

齿板（图2-40）是经表面处理的钢板冲压而成的带状板，用于轻型桁架节点连接或受拉杆件的接长。

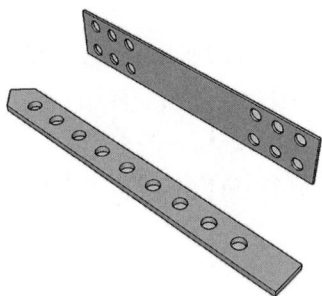

图 2-39　拉带及连接件

图 2-40　齿板

2.4　木塑复合材料

木塑复合材料是利用废弃木材、农作物秸秆等经粉碎制成的粉体，与塑料一并作为原料，再加入各种助剂，经热压复合或熔融挤出等加工工艺而制成的一种高性能、高附加值的新型复合材料（图2-41）。木塑复合材料的主要用途之一是替代实体木材在各领域中的应用，其中运用最广泛的是在建筑产品方面，如户外地板、花箱、垃圾桶、外墙装饰板、坐凳、标志牌、栈道、扶手栏杆、花架走廊等。

图 2-41 木塑复合材料

木塑复合材料的特点如下：

（1）易于加工：木塑复合材料内含塑料纤维，因此和木材一样，可锯、可钉、可刨，且握钉力明显优于其他合成材料。

（2）强度高：由于内含塑料，木塑复合材料具有较好的弹性模量，具有与硬木相当的抗压、抗弯曲等物理性能，并且耐用性优于普通木质材料。其表面硬度是一般木材的2～5倍。

（3）使用寿命长，耐水耐腐：木塑复合材料具有较长的使用寿命，能够抵抗强酸碱、耐水和耐腐蚀，不易受到虫蛀和微生物腐蚀的影响，因此在适当的使用和维护条件下，其使用年限可超过50年。

（4）绿色环保：可以变废为宝，百分百回收再利用；可以分解，不会造成白色污染。

2.5 本章小结

本章详细介绍了木质建筑材料，包括实木类和复合材料类两大类。实木类材料以其天然美观和环保特性在多个领域广泛应用，而复合材料如胶合板、定向刨花板和工程木产品则通过现代工艺提升了木材的性能和应用范围。此外，本章内容还涵盖了装饰材料、填充材料和连接件的类型与特性，以及木塑复合材料的环保优势和应用潜力，强调了这些材料在提高建筑性能和满足装饰需求方面的重要性。

参考文献

曹淦庭. 第三种饰面材料: PVC外墙挂板[J]. 城市住宅, 2011（Z1）: 113–114.

付红梅. 正交胶合木平面（滚动）剪切和抗弯性能研究[D]. 南京：南京林业大学, 2016.

高荣璋. 胶合木建筑在我国的设计实践探析[D]. 泉州: 华侨大学, 2015.

何盛. 樟子松指接材有限元模型分析研究[D]. 南京: 南京林业大学, 2011.

江雪梅. 轻型木结构体系的研究[D]. 唐山: 河北理工大学, 2005.

王韵璐, 曹瑜, 王正, 等. 国内外新一代重型CLT木结构建筑技术研究进展[J]. 西北林学院学报, 2017, 32（2）: 286–293.

韦亚南, 杨娜, 李艳云, 等. 单板条层积材（PSL）的研究进展[J]. 木材加工机械, 2015（4）: 53–56.

肖立杰, 姜士红. 加工指接材指榫的工艺分析[J]. 木工机床, 2013（1）: 35–37.

尹婷婷. CLT板及CLT木结构体系的研究[J]. 建筑施工, 2015, 37（6）: 758–760.

3 现代木结构建筑结构体系

本章导读： 本章将深入介绍现代木结构建筑结构体系的概况与特点。现代木结构按用材规格分为重型木结构体系、轻型木结构体系以及木质混合结构体系。通过本章的阐述，读者将全面了解各种木结构体系的设计原理、特点和应用领域，从而进一步认识和思考木结构建筑的发展。

3.1 现代木结构建筑结构体系的概况与特点

3.1.1 现代木结构建筑结构体系概况

与传统木结构建筑相比，现代木结构建筑的设计更符合力学原理，建筑用材也做到了工业化生产。以工程木结构材为主要建筑材料，采用现代木结构设计和建筑技术建造的集美感、功能性及高性价比于一体的结构体系，在融入高新加工处理技术后，现代木结构正以一种新的姿态出现在人们的视野中。现代木结构构件之间的连接方式也不用榫卯，而多靠金属连接件以钉子或螺栓固定，施工便捷且强度更高。某些复杂的节点或结构构件，还会在工厂中加工。这样既可以节省施工时间，又有助于确保工程质量。在美国和加拿大，95%以上的低层建筑都是现代木结构体系，日本每年新建的建筑也有40%采用现代木结构。新型木结构建筑结构体系不仅应用于住宅，许多中小型公共建筑，如学校、博物馆、图书馆、商业空间、诊所等，也都采用现代木结构，甚至一些大型体育场馆和小型民用机场也有采用木结构的情况。

现代木结构依据其使用的木材规格分为重型木结构和轻型木结构，其中重型木结构又包含梁柱式木结构和井干式木结构。随着科学技术的进步，还出现了众多与木材混合的结构，如钢材–木材混合结构和混凝土–木材混合结构等。这些混合结构不仅降低了建筑物的造价，还使混合材料各自发挥出自身的最大优势，表现出自然、美观、环保、易维护、可循环再生利用等优点。

3.1.2 现代木结构建筑结构体系特点

3.1.2.1 施工时间短，工业化程度高

现代木结构建筑构件与连接构件均可在工厂里进行标准化生产和预制，其施工安装速度远远快于混凝土和砌体结构。如一套200m²住宅一般在45天内可以完成安装、施工和入住，且住宅的施工不受季节的影响。

3.1.2.2 绿色生态，健康环保

木材作为可再生材料，相比混凝土、砌块、钢材等建筑材料，对环境影响较小，而且节能效率比它们要高得多。木材同时也是一种多孔材料，可以调节建筑室内的微气候，缓解室内温度变化，让居住者体会到冬暖夏凉、四季如春的舒适感。

3.1.2.3 抗震性能好

木材的抗震性能明显优于其他材料。木材质量轻、强度高、刚度低、自振周期长，因此木结构受到的水平地震作用更小，这使得建筑整体稳定性非常好。这一点在许多强震地区已得到充分证实，例如，在日本1995年的神户大地震中，保留下来的房屋大部分是木结构房屋。

3.1.2.4 木材是可再生材料

木材作为可再生资源，坚持森林资源的科学管理和使用，就可解决木结构建筑原材料短缺的问题。另外，竹材也是一种极好的可再生资源，各种竹材人造板都可以作为建筑材料，更好地发挥其作用。

3.1.2.5 耐久性好

经过现代技术的阻燃、防腐等程序处理的木材，用其精心设计和建造形成的现代木结构建筑能够面对各种挑战，是现代建筑形式中最经久耐用的结构形式之一，能历经数代而状态良好，包括在多雨、潮湿、白蚁高发等地区。

3.1.2.6 设计个性化，选择多样性

木结构建筑的外观及室内布局可灵活多变。其室内的隔墙一般较少用于承重，位置可以随意改变，使得室内空间分隔与设计完全可以依据个人的喜好，按照不同时期不同需求而随意改变。这也是其他建筑结构比不了的。

3.1.2.7 防火性能好

木结构建筑的防火性能取决于其用于构成屋顶、墙壁和地板的材料，以及其他相关部分的整体装修材料。木材表面涂有防火性极强的阻燃剂或贴厚重的石膏板，能有效阻止火势迅速蔓延。当火灾来临时，木结构建筑给居住者增加了逃生时间及救火机会，大大降低了人员伤亡的可能性，有效降低了人们的经济损失。

3.2 重型木结构体系

重型木结构体系是指由大跨度的梁、柱、拱和桁架作为主要受力构件的木结构体系。其主要承重构件均是通过大径级原木或胶合木作为梁和柱而实现的一种受力合理、造型美观的结构形式。它克服了传统木结构的缺点，堪与现代混凝土、钢结构相媲美。胶合木是由规格材层板通过强度分级、木材缺陷剔除、木板指接和组坯胶合而成的木质板材，通过该工艺能够突破原木尺寸受限、缺陷（腐朽、节子等）不易控制等不足，有利于充分利用材料。同时，木材单元均通过干燥处理，构件物理力学性能稳定，可与其他高强度材料如混凝土、金属、纤维增强塑料（FRP）等复合使用，以克服传统木材力学强度绝对值偏小的不足，可设计性强。

现代重型木结构又可具体分为梁柱式木结构和井干式木结构。现代重型木结构体系被广泛用于休闲会所、学校、体育馆、图书馆、展览厅、会议厅、餐厅、教堂、火车站和桥梁等。

3.2.1 梁柱式木结构体系

梁柱式木结构体系（图3-1、图3-2）是一种传统的建筑结构体系，不同于框架式木结构，它由跨距较大的梁柱结构形成主要的传力体系，无论纵向荷载还是横向荷载，都由梁柱结构体系承受，并最后传递给基础。该结构主要特点是使用大尺寸的胶合木作为梁和柱，在楼面、墙体、屋面均铺设标准规格的结构胶合板。这种结构还广泛用于休闲会所、学校、体育馆、图书馆、展览厅、会议厅、餐厅、教堂、火车站和桥梁等。

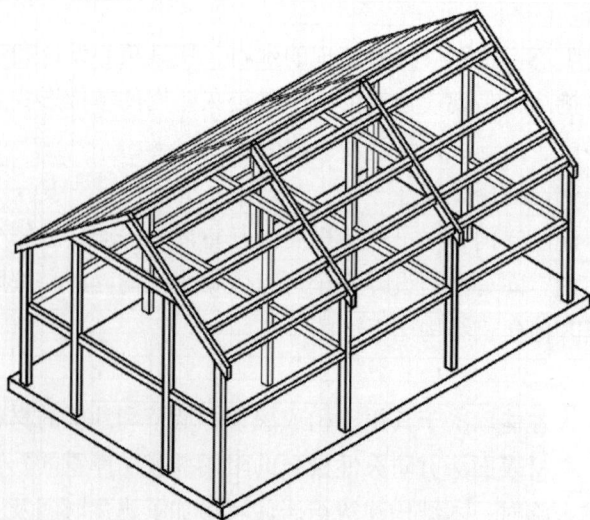

图 3-1　梁柱式木结构体系示意图

图片来源：《国家建筑标准设计图集：木结构建筑》（14J924）

图 3-2　梁柱式木结构建筑

　　欧美国家和日本等国在现代梁柱式大跨度木结构领域的研究和应用已有数十年历史。由于这些国家具有天然的林业资源优势和成熟的林业管理体制，所以木材原料在那里能够实现可持续供应。同时，他们较早地关注木材产品的加工和利用，掌握了处于世界领先水平的木材工业加工技术。这些国家研究开发的层压胶合木、木基复合材等木质产品不仅保持了木材良好的天然特性，而且显著改善了天然木材的诸多缺陷（如节子多、强度差、构件尺寸小、易变形、易腐烂等），使得材料的力学性能大大提高，拓展了木材作为结构材料的应用领域。充足的原材料、成熟的材料加工技术和先进的建筑结构技术为现代大跨度木结构在国外的蓬勃发展奠定了物质基础。近几十年来，国外出现了多种结构类型的现代大跨度梁柱式木结构。这些梁柱式大跨度木结构不仅结构合理、施工方便、造价经济，而且具有较高的美学价值。国外许多梁柱式大跨度木结构已经使用多年，经科学检测评定，其结构完整稳定，建筑效果良好。

　　现代梁柱式木结构的建筑特点如下：木材纹理天然，外形美观；构件的长度和截面尺寸不受木材天然尺寸的限制，能够制作成满足建筑和结构要求的各种尺寸的构件，外观造型上基本不受限制；可以扩大结构用材的树种，使用次生林和人造速生林，提高资源利用率，并且能够有效避免天然木材缺陷的影响；结构体系具有可靠的耐火性和耐久性；等等。

　　胶合木结构属于梁柱式木结构中较特殊的一种形式，指用胶黏方法将木料或木料与胶合板拼接成尺寸与形状符合要求而又具有整体木材性能的构件和结构，可以制作异形曲梁等构件，满足不同建筑的结构需求。胶合木的优点是不仅可以小材大用、短材长用，还可将不同等级（或树种）的木料配置在不同的受力部位，做到量材施用，提高木材的利用率。但这种构件在少量生产的情况下，其价格要比普通木料价格高，只有在成批生产或大量利用废料时才能取得良好的经济效益。

3.2.2 井干式木结构体系

井干式木结构建筑（图3-3）在中国拥有悠久的历史。据考证，商朝后期我国已使用井干式木屋，如昆明市晋宁石寨山出土的《上仓图》刻纹图像中，已有井干式房屋的形象。井干式木建筑是我国几个森林覆盖率高的地区的传统民居，是一种独特的建筑结构形式。其采用截面适当加工后的原木、方木和胶合木作为基本构件，通过肩上的企口上下叠砌，端部的槽口交叉嵌合形成内外围护墙体，以此组成"井"字形承重墙体的木结构。木构件之间加设麻布毡垫和特制橡胶胶条，以加强外围护结构的防水、防风及保温隔热性能。其厚重的木墙体能够抵御风寒，起到良好的保温作用。在现代胶合木技术出现之前，井干式木墙体采用不经化学物质处理且直径尺寸相近的原木建造，对木材的需求量较大，因而多建造于森林及其周边位置。而如今，成熟的生产技术和完善的材料运输条件使得这一类型建筑可以更广泛地走进人们的生活。但是，受建造技术不足以及相关规范要求缺乏的限制，井干式木结构建筑单体建造体量不宜过大，层高一般不高于3.6m，层数不超过3层，每层的建筑面积不宜过大。井干式木结构体系非常适合应用于休闲娱乐类建筑。

井干式木结构建筑体系组成可以分为3个部分：基础部分、墙体支撑结构、屋盖结构。结构受力体系主要传递的是竖向荷载，其传递路线为屋面结构—承重墙体—基础，其构造要求如下：

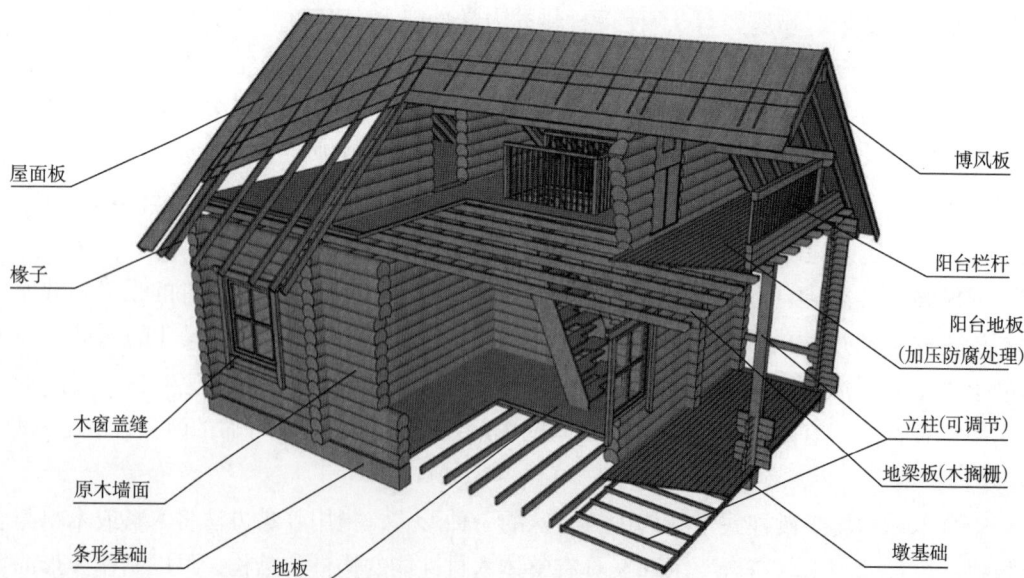

图 3-3　井干式木结构建筑体系示意图

图片来源：《国家建筑标准图集：木结构建筑集》（14J924）

（1）井干式木结构是采用规格、形状统一的方木和圆形实木或承压木构件叠合制作的，集承重体系与围护结构于一体的一种木结构体系。

（2）木构件应采用天然耐腐蚀的木材，其用材一般不分等级，构件用材有矩形和圆形两种。

（3）矩形或圆形木构件主要通过其肩上的企口上下叠起，端部的槽口交叉嵌合形成内外围护墙体，木构件之间加设麻布毡垫及特制橡胶胶条，以加强外围护结构的防水、防风及保温隔热性能。

（4）基础通常采用混凝土独立基础、条形基础或底板基础，当采用独立基础或条形基础时，底层底板下须设置高度不小于450mm的架空层。

（5）采用大尺寸构件的实木墙体可以适应各种气候地区，但采用小尺寸原木复合墙体可以节省房屋造价。复合墙体高温一侧须设置一层隔汽层。

（6）墙体与屋盖之间、不同材质墙体之间以及门窗洞口处应留有胀缩空间并设置可滑动盖缝条，以便于调节伸缩缝。

（7）建筑外表面在必要的情况下可以涂刷防水剂，但应避免构件收缩引起缝隙积水。

（8）木材适用于结构的受压或受弯构件。在干燥过程中容易翘裂的树种木材，如落叶松、云南松等，用它们制作桁架时，宜采用钢下弦；当采用木下弦，原木跨度不宜大于15m，方木不应大于12m，且应采取防止裂缝出现的有效措施。

（9）应尽量预留架空层，采取通风和防潮措施，防止木材腐朽和虫蛀。

（10）在可能发生风灾的台风地区和山区风口地段，木结构的设计应采取有效措施，以加强建筑物抗风能力，如：尽量减少天窗的高度和跨度，采用短出檐或封闭出檐，山墙采用硬山，檩条与桁架（或山墙）、桁架与墙（或柱）、门窗框与墙体等的连接均采取可靠的锚固措施。

3.3 轻型木结构体系

在我国有关规范中，轻型木结构房屋是指"由木构架墙、木楼盖和木屋盖系统构成的结构体系，适用于三层及三层以下的民用建筑"。该结构体系由不同的木产品建造而成，承担并传递作用于结构上的各类荷载。在《加拿大木结构手册》中，轻型木结构房屋是指"用由间距较密的规格材和覆面材料（定向刨花板或胶合板）以钉子连接组成结构构件的一种木结构房屋体系"。

轻型木结构建筑的结构体系（图3-4）是指将间距紧密的规格材和面板联合使用，以形成一幢建筑物的结构骨架。此骨架可提供刚性，为内外装修提供支持，并为放置保温材料留出空间。结构的承载力、刚度和整体性是通过主要结构构件（骨架构件）和次要结构构件（墙面板、楼面板和屋面板）共同作用得到的。

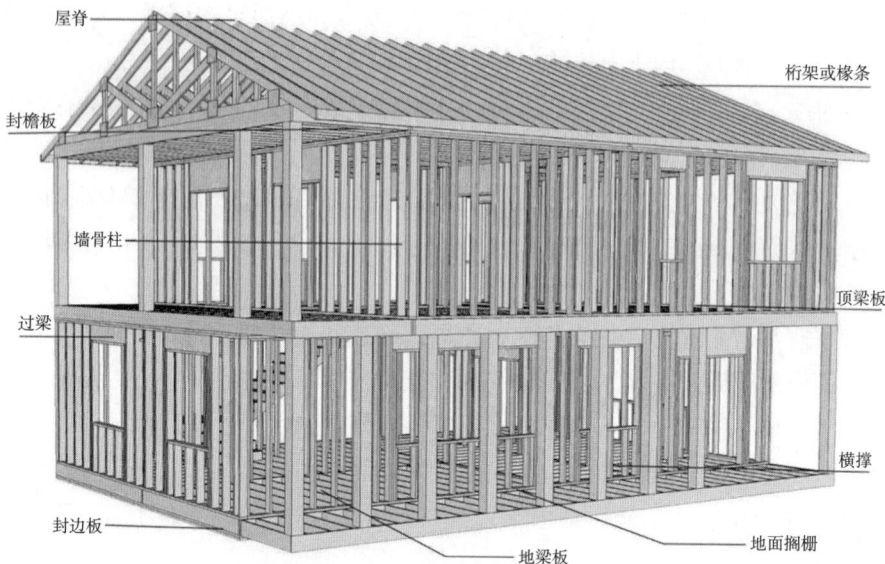

图 3-4 轻型木结构建筑体系示意图

图片来源：《国家建筑标准设计图集：木结构建筑》（14J924）

轻型木结构建筑能提供高质量的居住条件，满足严格的性能指标，并且具有如下几项显著的优点：

（1）设计多样化，易于建筑美观形态的表现。

（2）耐久性好，节能环保，建筑材料可再生。

（3）构造简单、施工方便，建造速度快，可现场制作或者工厂预制。

（4）结构完整性好，抗震、抗风性能好。

（5）是低碳绿色建筑，符合相关防火规范要求。

（6）轻型木结构屋架质轻，对建筑的承载力要求低，同时其可在工厂预制完成，现场只需拼接安装，速度快、成本低，因此在我国部分城市的平改坡项目中具有明显的优势。

轻型木结构建筑体系是由尺寸较小的木构件以等间距（一般为410～610mm）的形式排列组成骨架的结构形式，它主要由建筑物的墙面板、楼面板、屋面板等结构形式共同组成，共同承受各种荷载，是一种墙体板、楼板、屋面板的箱型结构体系。这种结构体系一般用来建造民用住宅，根据构造特点的不同，轻型木框架结构分为连续式框架结构和平台式框架结构。

连续式框架结构是指一种通过梁和柱之间的连续连接以传递荷载的结构形式，通常用于高层或跨度较大的建筑，能够提供较高的稳定性和承载能力。平台式框架结构则采用分层的方式，每一层的框架系统通过平台连接，适用于低层建筑，施工简单，成本较低，且便于灵活调整各层的结构。应根据具体的建筑需求、成本和结构性能来决定具体用哪种结构。

3.4　木质混合结构体系

木质混合结构体系（图3-5）是指建筑的结构体系为木材与其他建筑材料的混合结构体系，有木材-钢材混合结构、木材-混凝土混合结构等。木质混合结构是一种轻型、经济、实用的建筑形式，把钢材、混凝土和木结构的优点很好地结合起来。

在一些房屋建筑中，常常可以看到混凝土建于地基之上，在混凝土上搭建木框架，铺设地梁板，安装地板。由此可见，混凝土与木结构相结合的技术已经很成熟。在北美洲和欧洲，一般混合建筑的一层用作商业空间，上面作为居民住宅。

混凝土结构在强度、门窗敞开度以及防火性能方面的优势比较突出，木结构则在抗震、保温、施工速度和隔声方面效果最好。把木结构和其他结构结合在建筑中，可以最大程度地发挥两种结构的各自优势，既可以满足强度、防火、抗震、保温、隔声性能的要求，又由于木结构质量较轻、对地基的负荷较低，可以降低基础的建造成本。木结构建筑得房率高的特点使得住户可以得到更加宽敞的住房，享受实实在在的实惠。

多层混合木结构作为一种很成熟的结构，针对购房者和社会大众来说，也是一种很实用的建筑形式，它能够达到建筑所要求的各项性能标准，如：保暖、防震、防火、防潮、隔声、节能、调节温度等。在应对地基的荷载时，它比普通砖混或混凝土建筑对荷载要求低很多。这是由于混合建筑的上层材料以木结构为主体，大大减轻了建筑本身的自重。同一条件下，混合建筑比砖混或混凝土建筑要坚固很多，这是因为混合建筑对地基要求较低。混合建筑在当今社会土地资源日趋紧张的情况下，为协调建筑成本、节能、提高土地利用率等方面提供了一种绿色、环保、可持续发展的建筑方案。

图 3-5　木结构-混凝土混合结构体系

图片来源：https://www.baidu.com

现代钢木复合结构建筑是包含混合结构、复合结构意义上的结构组合的概念，即不同部位结构构件采用钢、木两种材料，或是采用由钢、木为主导材料的两种不同结构形式的组合。在这种类型的结构中：木构件或木结构起主导作用，并且是建筑的主要表现形式，通常决定着建筑的整体结构形式和空间造型；钢构件或局部钢结构往往作为辅助结构穿插于木结构体系中，保证主体结构的稳定性，并常应用于节点设计中。

木结构与钢结构相结合的混合建筑一般应用于大型公共建筑，如体育场馆。在性能方面，木结构的隔声、保温、抗震等效果极好，钢结构在防火、强度等方面优点突出。通过合理地结合使用，可以最大程度地发挥两种结构的优势。

3.5 现代木结构建筑案例

3.5.1 里士满奥林匹克速滑馆（胶合木结构）

里士满奥林匹克速滑馆（图3-6～图3-9）位于加拿大温哥华里士满大街6111号，是为2010年冬季奥林匹克运动会建造的比赛场馆。该馆建筑面积33000m²，包括一个20000m²的大厅（400m赛道），可容纳8000名观众。它是有史以来最大的速滑场馆。该项目造价为1.78亿加元，于2008年12月竣工。

图 3-6　里士满奥林匹克速滑馆外立面

图片来源：https://www.baidu.com

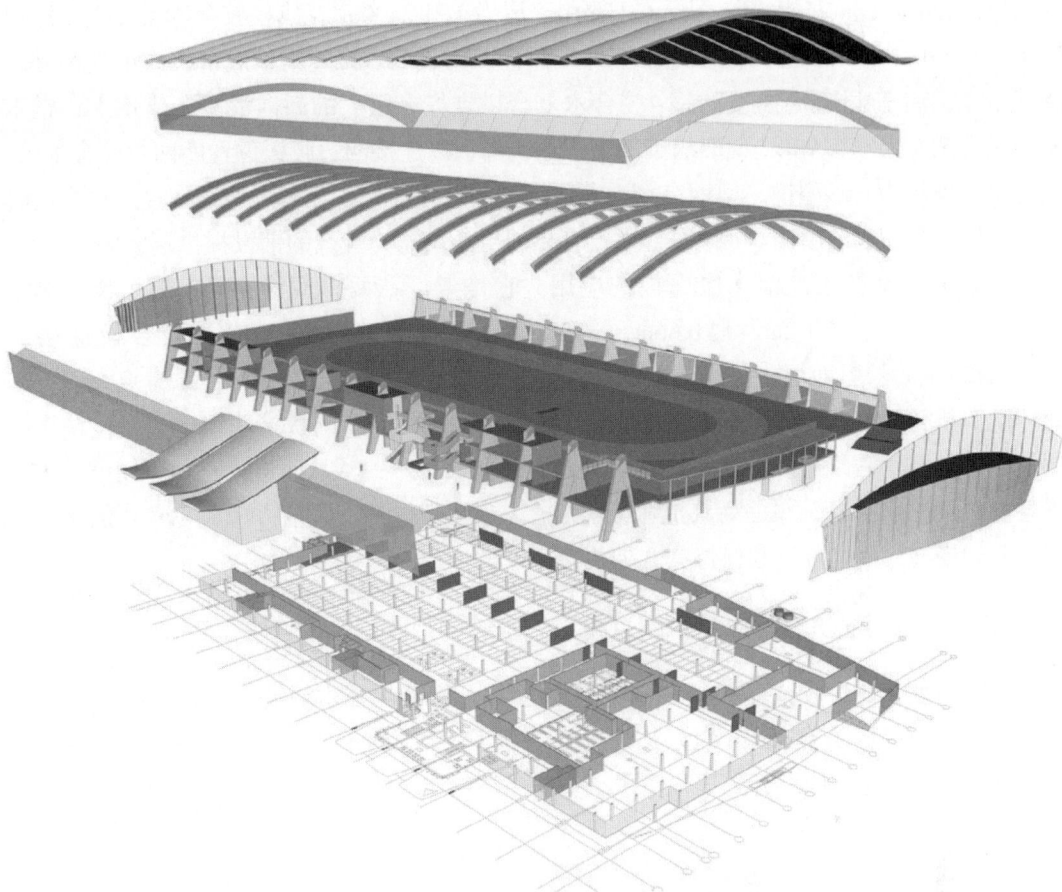

图 3-7　里士满奥林匹克速滑馆构造示意图

图片来源：https://www.baidu.com

图 3-8　里士满奥林匹克速滑馆梁节点示意图

图片来源：https://www.baidu.com

图 3-9　里士满奥林匹克速滑馆室内场景图

图片来源：https://www.baidu.com

里士满奥林匹克速滑馆是由2400m³的云杉–松木–冷杉规格材（用于波浪木屋面板）、19000张1.2m×2.4m花旗松胶合板（主要用于屋面）和2400m³花旗松胶合木梁（用于屋面拱），结合70m³黄柏胶合木柱（用于室外支撑柱）构成的。该速滑馆底部两层的地面是现浇混凝土，屋盖由100m跨度的钢–胶合木复合拱支撑在巨大的斜向混凝土支墩上；钢木复合拱的截面为空心V形，V形的尖部为刃形钢件，以连接两边腹板位置的两片胶合木拱；胶合木拱顶部为H形型钢，型钢在水平方向有横向支撑连接，该H形型钢在接近拱支座时升起，以支撑翘起的屋檐。钢–胶合木复合拱的空心结构为管线的铺设提供了空间。

该馆的创新在于波浪木屋面板的应用。它是架设在两拱间的空心V形桁架，单个尺寸为长12.8m、宽1.2m、厚0.66m，由28mm厚高压表面处理制成的胶合板连接成3.6m×12.8m的长屋面板，并在下部施加拉力来形成拱形，屋盖的结构体系有点类似我国的"双曲拱桥"。每个V形桁架的坡面由连续的38mm×89mm的拼接块组成。拼接块之间用钉子和金属加固条连接。这些拼接块分开，纵向长短不一，从而形成空隙，使结构重量减轻、声学性能提高，并提高其抗弯性能。在V形桁架内部沿跨度方向，三角形的层压板可以起到提高其横向刚度和保持其几何构造不变的作用。

3.5.2 南京雨发生态园松果木屋（井干式木结构）

南京雨发生态园松果木屋（图3-10、图3-11）位于南京市浦口区，是为游客准备的度假小木屋。该区域有100多幢独栋的胶合木井干式木屋别墅，有58m²、69m²、128m²等多种户型，可满足不同游客的居住需求。

图3-10　南京雨发生态园松果木屋建筑群

图 3-11 南京雨发生态园松果木屋外立面

　　这些井干式木别墅都采用了独立基础的架空层设计，这样在底层形成有效的通风环境，防止木材腐朽和虫蛀，延长其使用寿命。墙体结构支撑体系的节点连接是榫卯连接（图3-12），将胶合木的端头铣槽，使截面呈现凹凸状，然后层层相叠成承重墙。此外，墙体构件的上下侧面也加工出榫槽，这样在墙体构件竖向搭接时，能够防止构件之间的水平错位，使墙体更加坚固。另外，除墙体自身的榫卯连接外，在墙体中间还安装了加固件，采用通杆螺栓将墙体从最上端到木基础梁贯通固定，可有效防止建筑物倒塌。屋盖是传统的椽条式屋盖，最上层铺有沥青瓦。

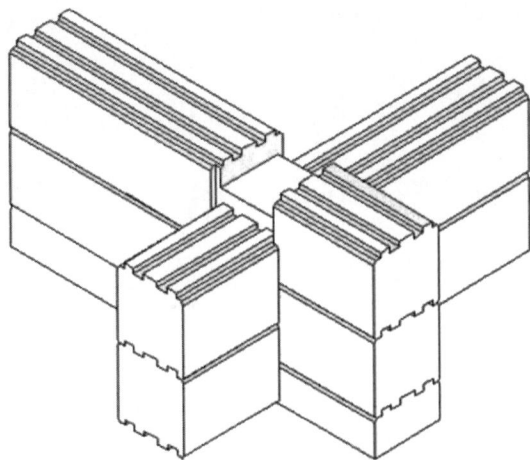

图 3-12 井干式木结构墙角节点示意图

3.5.3 橡树林住宅（轻型木结构）

橡树林住宅（图3-13～图3-16）位于澳大利亚墨尔本市，其建筑面积为485m²。该项目包括两个彼此成90°放置的相同造型的矩形房子，两栋建筑围合营造出一个花园景观。由于场地略朝向北方，每栋房子都有相同角度的折叠立面造型，每个立面都由不同的要素组成，或为可完全打开的落地门窗，或为玻璃，或为实体墙面。这样的设计考量使所有可居住空间具有灵活的交叉通风，同时加强了室内与室外的联系。

橡树林住宅属于轻型木结构，它由主要结构构件（结构骨架）和次要结构构件（墙面板、楼面板和屋面板）等共同承受荷载，最后将荷载传递到基础上。这种轻型木结构具有经济、安全、布置灵活等特点。橡树林住宅通过展现廉价材料的特性，并通过强调这些材料通常被忽视或隐藏的细节和工艺，来传送一种价值感。在建筑内外部，部分木框架结构不加修饰地完全展现出来，丰富了建筑的层次、纹理、节奏和尺度。

橡树林住宅的两个建筑几乎所有的表面都被涂成了白色，这使它们具有统一感的同时，也在周围纷乱繁杂的环境中保持了自身的特征。同时，通过对涂层的透明度、光泽度和风化程度的细致考量，白色涂料的使用凸显了建筑立面构成的微妙丰富性，加深了人们对细节处理的认识，使人们能够进一步体验自然环境中婆娑的光影与建筑空间的互动。

图 3-13　橡树林住宅外景

图片来源：https://www.archdaily.cn

图 3-14 橡树林住宅客厅

图片来源：https://www.archdaily.cn

图 3-15 橡树林住宅庭院

图片来源：https://www.archdaily.cn

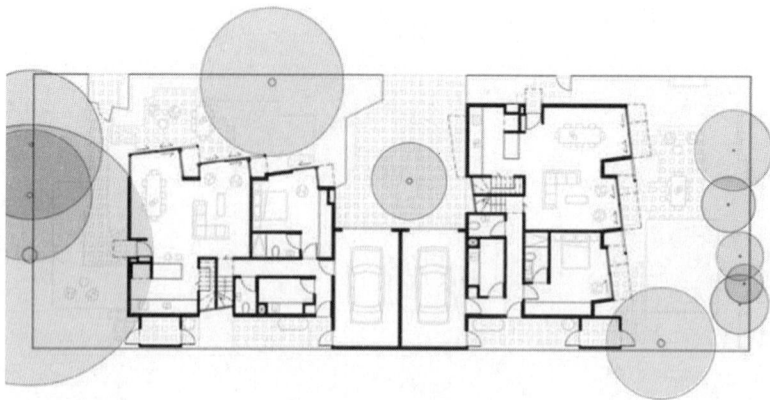

图 3-16　橡树林住宅平面布置图

图片来源：https://www.archdaily.cn

3.5.4 北京的 W house（木质混合结构）

位于北京的 W house（图 3-17～图 3-20）是 2012 年改造而成的一座混合式建筑，建筑面积 285m²。这栋房子是利用位于工业厂区内的一个单层平房改造和加建而成的，原结构是砖混单层坡顶结构。把原来的坡顶去掉，利用原有的墙体和新加的轻型木结构墙体，加建为一个局部 3 层的混合结构建筑。由于基地周围的环境较为凌乱，该建筑首层被设计成不怕打扰的工作空间。出于安全考虑，门面向厂区内部，对外的一侧较为封闭。居住功能放到了有较好景观条件的 2 层，并设计了局部的阁楼和露台。

图 3-17　北京的 W house 建筑外立面

图片来源：https://www.baidu.com

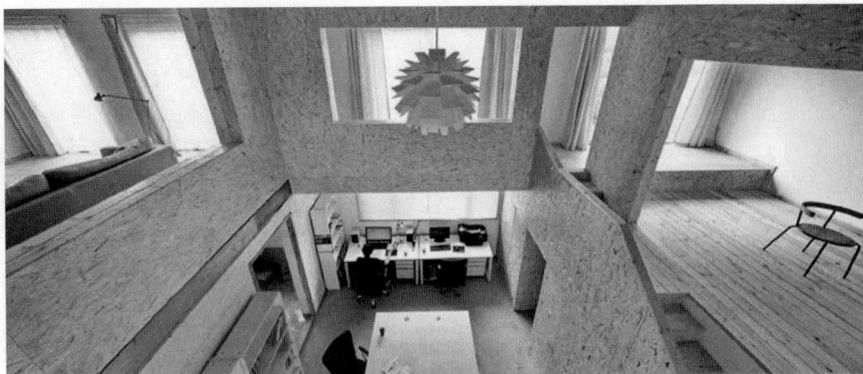

图 3-18　北京的 W house 建筑室内场景

图片来源：https://www.baidu.com

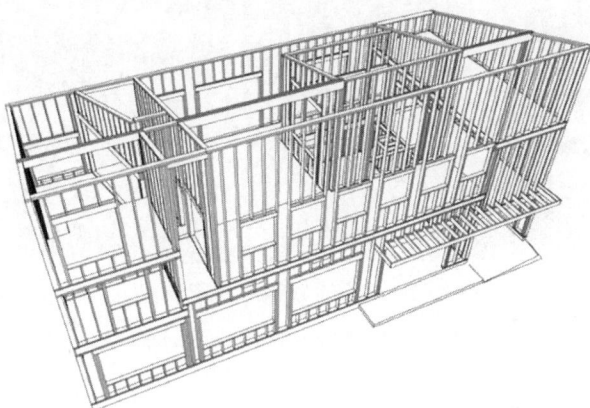

图 3-19　北京的 W house 建筑结构框架图

图片来源：https://www.baidu.com

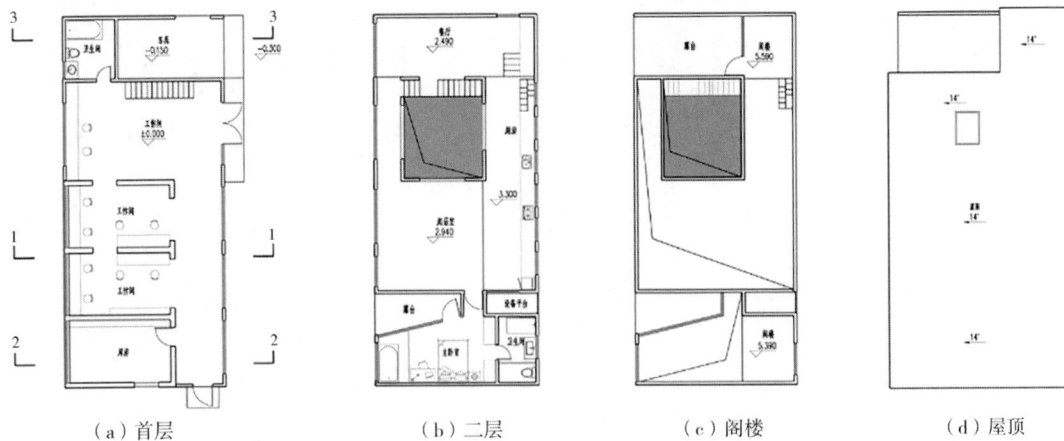

（a）首层　　　　　　（b）二层　　　　　　（c）阁楼　　　　　　（d）屋顶

图 3-20　北京的 W house 建筑各层平面布置图

图片来源：https://www.baidu.com

　　居住空间的不同功能空间被划分为几个平台，围绕挑高的中庭螺旋上升，从餐厅至起居室、开放式厨房，最后到阁楼和露台。平台间的高差采用了正常成年人的坐高高度，使一些台面既是地板又可以让人自然地席地而坐。加上开窗设计对视线的调整，坐在居住空间内几乎看不到凌乱的厂区，窗外的主要景观变为隔壁的果园。这些设计为生活空间营造了轻松自在的氛围。朋友来访时，大家在面对果园的起居空间里随意散坐闲聊，到别人家的拘束感被建筑空间有效地消除了（图3-21、图3-22）。

图 3-21　北京的 W house 建筑客厅

图片来源：https://www.baidu.com

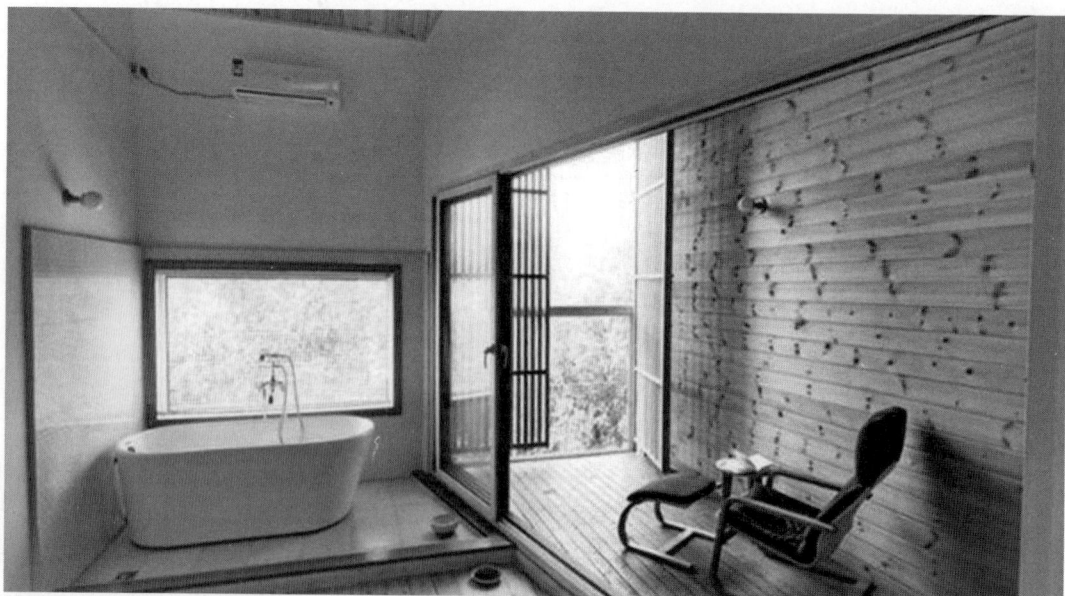

图 3-22　北京的 W house 建筑浴室

图片来源：https://www.baidu.com

3.6 本章小结

　　本章从建筑结构体系的角度介绍了现代木结构建筑，详细阐述了现代木结构建筑结构体系在施工时间、工业化程度、绿色环保以及整体性能等方面的优势，并分别介绍了梁柱式和井干式重型木结构体系、轻型木结构体系以及木质混合结构体系，对其结构框架、研究应用以及特点进行了描述。此外，为方便读者理解，对应上述多种木结构体系，分别列举了一些典型案例并进行分析，以供参考。

参考文献

　　北京土木建筑学会. 木结构工程施工操作手册[M]. 北京: 经济科学出版社, 2004.

　　费本华, 周海滨. 轻型木结构住宅建造技术[M]. 北京: 中国建筑工业出版社, 2009.

　　龚瑜, 裴志坚. 现代木结构建筑屋顶的防护[J]. 中国科技博览, 2009（22）: 1.

　　加拿大木业协会. 中国轻型木结构房屋建筑施工指南[Z]. [出版地不详: 出版社不详], 2010.

　　黎姣. 木材在中国当代建筑中的应用[D]. 上海: 同济大学, 2008.

　　刘广哲. 现代木结构住宅的设计与施工研究[D]. 哈尔滨: 东北林业大学, 2012.

　　聂圣哲. 美制木结构住宅导论[M]. 北京: 科学出版社, 2011.

　　潘景龙, 祝恩淳. 木结构设计原理[M]. 北京: 中国建筑工业出版社, 2009.

　　中国建筑标准设计研究院. 国家建筑标准设计图集: 木结构建筑: 14J924[M]. 北京: 中国计划出版社, 2015.

　　中华人民共和国住房和城乡建设部, 中华人民共和国国家质量监督检验检疫总局. 木结构工程施工质量验收规范: GB 50206—2012[S]. 北京: 中国建筑工业出版社, 2012.

4 现代木结构建筑基础与地下室设计

本章导读：本章主要内容为现代木结构建筑的基础和地下室，对于木结构建筑的基础进行了概述，再详细列出地基的处理方法。本章重点介绍木结构建筑基础的做法和木结构建筑常用的各类基础，最后阐述木结构基础的防护措施，包括基础的防腐、防水、防虫等处理方法。

4.1　现代木结构建筑基础概述

4.1.1 基本概念和分类

　　基础是指建筑地面以下的承重构件，是建筑的下部结构。它不同于地基，地基是承受由基础传下的荷载的土层。现代木结构建筑常用的基础按照形式分为独立式基础和条形基础，常见的基础类型分为有地下室（架空层）的基础和无地下室（架空层）的基础。

　　有地下室的基础分为两种：一种通常将地面搁栅置于基础顶面（图4-1），其下再设置防水层与夯实层；另一种是将基础顶面与地面搁栅平齐放置（图4-2），设置预埋锚栓连接。无地下室的基础也分为两种：一种为整浇底板（图4-3），另一种为预制底板（图4-4）。

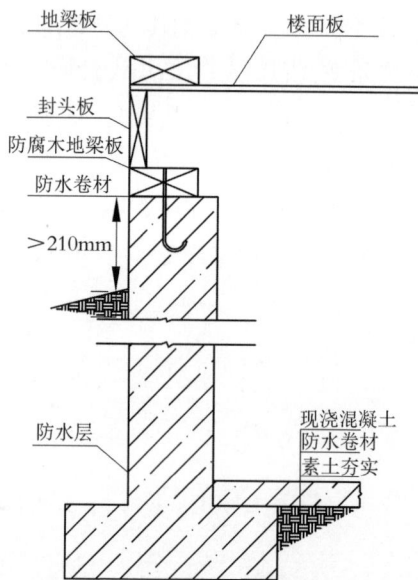

图 4-1　有地下室的基础建造示意图
（地面搁栅置于基础顶面）

图片来源：参照《建筑构造》插图重新绘制

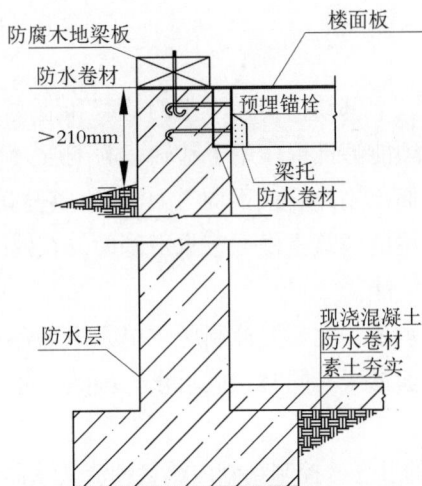

图 4-2　有地下室的基础建造示意图

（基础顶面与地面搁栅平齐）

图片来源：参照《建筑构造》插图重新绘制

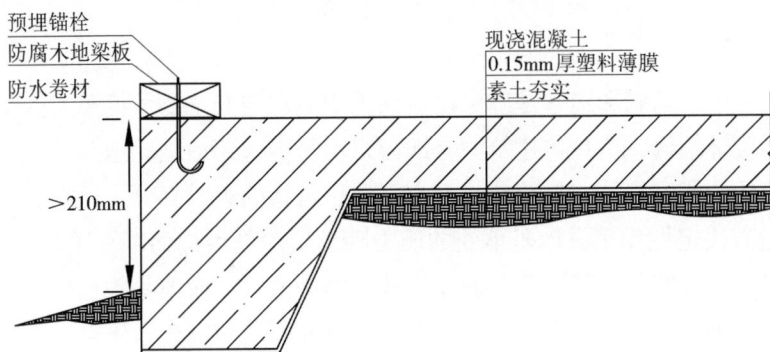

图 4-3　无地下室基础建造示意图（整浇底板）

图片来源：参照《建筑构造》插图重新绘制

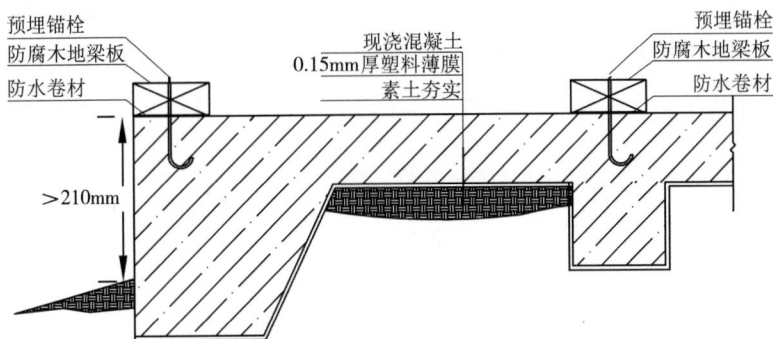

图 4-4　无地下室基础建造示意图（预制底板）

图片来源：参照《建筑构造》插图重新绘制

4.1.2 基本要求

基础必须能够承受自重及上部结构传递下来的荷载和地震荷载。当确定埋深并设置地下室或架空层时，基础还必须能够抵抗作用于基础墙的土压力和水压力。

基础不应随时间的推移而产生显著或不均匀的沉降，它们应不受土的冻结和融化的影响。基础应为轻型木结构房屋的建筑提供一个水平基面，在蚁害严重的地区，规划时应考虑基础具备抵抗虫蚁的入侵性能。

控制基础内的潮气也很重要，尤其要控制居住单元地下室的建筑物的潮气，地表水或地下水不得通过基础墙或楼面渗入。同时，应阻止土壤湿气通过基础材料毛细孔作用渗入并影响木结构房屋的耐久性。

为了符合现代绿色建筑的理念，控制基础内热量的流失从而达到节能并为居住者提供舒适的地下室空间已变得愈加重要。同时，室内空气流动的控制也是一个重要的考虑因素。

4.2 现代木结构建筑地基处理方法

在建筑工程中，基础和地基是确保建筑物长期稳定与安全的关键要素。基础是连接建筑物与地面的关键结构，负责将建筑的全部荷载均匀传递到地基。地基是承受基础传递下来的全部荷载的土体或岩体。尽管地基本身不是建筑物的组成部分，但它对建筑物的稳定性和安全性起着决定性作用。地基承受的压力随土层深度增加而减小，超出一定深度后，其影响可以忽略。直接承受基础荷载的土层被称为持力层，而地基的承载力特征值表示地基每平方米能够承受的最大压力。为了确保建筑物的稳定和安全，建筑基础底面的平均压应力不应超过地基的承载力特征值。通过增加基础底面的面积，可以减少单位面积上的压力，从而传递更平稳的荷载。

地基处理方法就是按照上部结构对地基的要求，对地基进行必要的加固或改良，提高地基土的承载力，以保证地基稳定，减少上部结构的沉降或不均匀沉降，消除黄土的湿陷性并提高其抗液化能力的方法。常见的地基处理方法有：换土垫层法、排水固结法、灌入固化物法、振密挤密法、加筋法、冷热处理法等。

4.2.1 换土垫层法

采用换土垫层法加固地基就是将基础底面以下不太深的一定范围内的软弱土层挖去，然后用强度高、压缩性低的岩土材料，如砂砾、碎石、矿渣、灰土、土木搁栅加砂石料等材料分层填筑，采用碾压、振密等方法使垫层密实（图4-5）。通过垫层将上部荷载扩散传到垫层下卧层地基中，达到提高地基承载力和减少沉降的目的。换垫土层法适用于软弱土层较薄且分布在浅层的各种不良地基的处理。

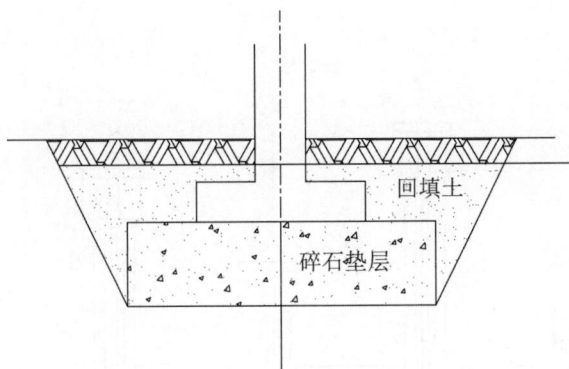

图 4-5　换土垫层法示意图

图片来源：参照《建筑构造》插图重新绘制

4.2.2 排水加固法

排水加固法通过对地基施加预压荷载，使软黏土地基土体产生排水固结现象，土体孔隙体积减小、抗剪强度提高，达到减少地基施工后沉降和提高地基承载力的目的。排水加固法适用于处理淤泥质土、淤泥、冲填土等饱和软黏性土地基（图4-6）。

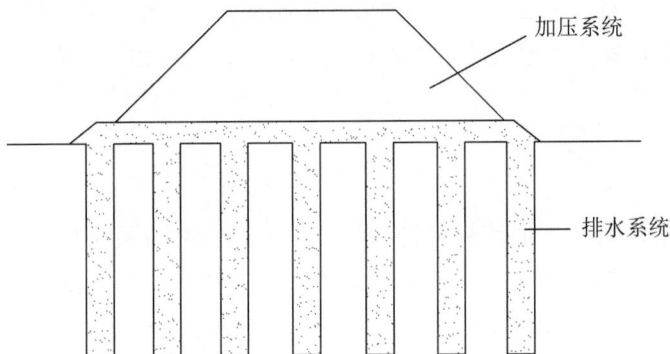

图 4-6　排水加固法示意图

图片来源：参照《建筑构造》插图重新绘制

4.2.3 深层搅拌法

深层搅拌法是通过特制的施工机械——深层搅拌机，沿深度将固化剂（水泥浆或水泥粉等，外加一定的掺和剂）与地基土体就地强制搅拌形成水泥土桩或水泥土块体的一种地基处理方法。深层搅拌法主要用于处理水泥土桩复合地基，以提高地基承载力，减少沉降；也可用于基坑支护结构（图4-7）。

4.2.4 砂石桩法

砂石桩法适用于挤密松散砂土、粉土、黏性土、素填土、杂填土等地基，提高地基的

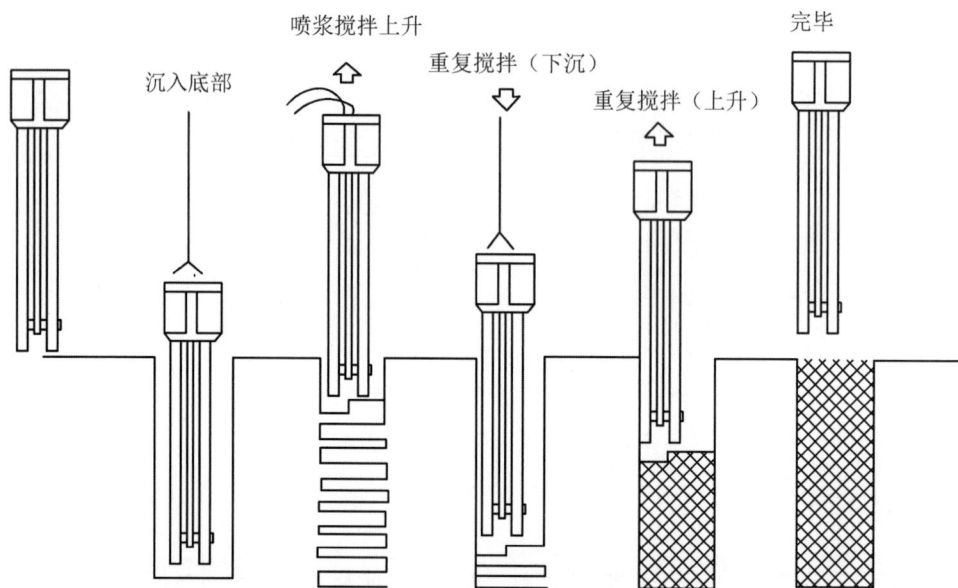

图 4-7 深层搅拌法示意图

图片来源：参照《建筑构造》插图重新绘制

承载力并且降低其压缩性，也可用于处理可液化地基。对饱和黏土地基上变形控制不严的工程也可采用砂石桩置换处理方法，使砂石桩与软黏土构成复合地基，加速软黏土的排水固结，提高地基承载力。

4.2.5 振冲法

振冲法分为加填料和不加填料两种。加填料的通常称为振冲碎石桩法。振冲法适用于处理砂土、粉土、粉质黏土、素填土和杂填土等地基。处理不排水、抗剪强度不小于20kPa的黏性土和饱和黄土地基时，应在施工前通过现场试验确定其适用性。不加填料振冲加密法适用于处理黏粒含量不大于10%的中、粗砂地基。振冲碎石桩主要用来提高地基承载力，减少地基沉降量，还可用来提高土坡的抗滑稳定性或提高土体的抗剪强度（图4-8）。

4.2.6 水泥土搅拌法

水泥土搅拌法分为浆液深层搅拌法（简称湿法）和粉体喷搅法（简称干法）。水泥土搅拌法适用于处理正常固结的淤泥与淤泥质土、黏性土、粉土、饱和黄土、素填土，以及无流动地下水的饱和松散砂土等地基。不宜用于处理泥炭土、塑性指数大于25的黏土、地下水具有腐蚀性以及有机质含量较高的地基。若采用，必须通过试验确定其适用性。当地基的天然含水量小于30%（黄土含水量小于25%）、大于70%或地下水的pH值小于4时，不宜采用干法。连续搭接的水泥搅拌桩可作为基坑的止水帷幕，受搅拌能力的限制，该法在地基承载力大于140kPa的黏性土和粉土地基中的应用有一定难度。

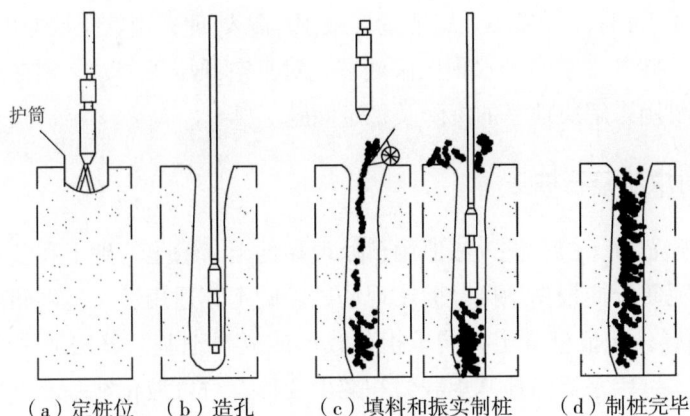

（a）定桩位　　（b）造孔　　（c）填料和振实制桩　　（d）制桩完毕

图 4-8　振冲法示意图

图片来源：参照《建筑构造》插图重新绘制

4.2.7 高压喷射注浆法

高压喷射注浆法适用于处理淤泥、淤泥质土、黏性土、粉土、砂土、人工填土和碎石土地基。当地基中含有较多的大粒径块石、大量植物根茎或较高含量的有机质时，应根据现场试验结果确定其适用性。对地下水流速度过大、喷射浆液无法在注浆套管周围凝固等情况，不宜采用。高压旋喷桩的处理深度较大，除地基加固外，也可作为深基坑或大坝的止水帷幕，目前最大处理深度已超过30m（图4-9）。

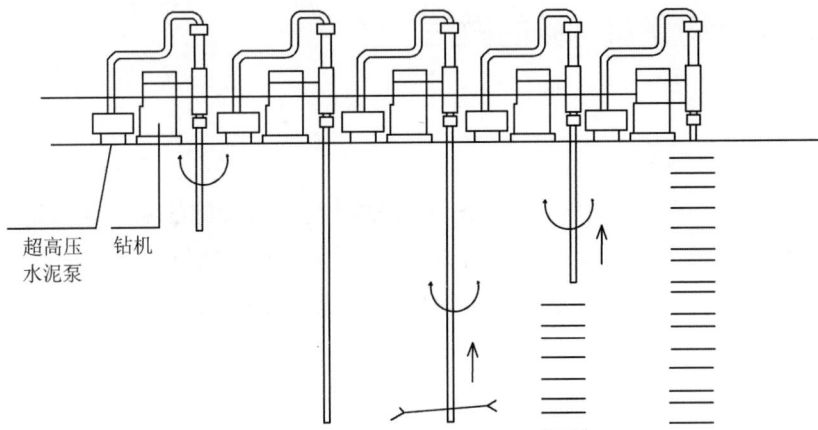

超高压
水泥泵　　钻机

图 4-9　高压喷射注浆法示意图

图片来源：参照《建筑构造》插图重新绘制

4.2.8 预压法

预压法适用于处理淤泥、淤泥质土、冲填土等饱和黏性土地基，按预压方法分为堆载预压法及真空预压法。堆载预压分塑料排水带或砂井地基堆载预压和天然地基堆载预压。

当软土层厚度小于4m时，可采用天然地基堆载预压法处理；当软土层厚度超过4m时，应采用塑料排水带、砂井等竖向排水预压法处理。对真空预压工程，必须在地基内设置排水竖井。预压法主要用来解决地基的沉降及稳定问题。

4.2.9 水泥粉煤灰碎石桩法

水泥粉煤灰碎石桩（CFG桩）法适用于处理黏性土、粉土、砂土和已自重固结的素填土等地基。对淤泥质土应根据地区经验或现场试验确定其适用性。基础和桩顶之间须设置一定厚度的褥垫层，保证桩、土共同承担荷载形成复合地基。该法适用于条基、独立基础、箱基、筏基，可用来提高地基承载力和减少变形。对可液化地基，可采用碎石桩和水泥粉煤灰碎石桩复合地基，达到消除地基土的液化和提高承载力的目的。

4.2.10 灰土挤密桩法和土挤密桩法

灰土挤密桩法和土挤密桩法适用于处理地下水位以上的湿陷性黄土、素填土和杂填土等地基，可处理的深度为5～15m。在处理地基土的湿陷性时，推荐采用土挤密桩法；若需提升地基土的承载力或增强其水稳定性，则应选择灰土挤密桩法。然而，当地基土的含水量超过24%且饱和度超过65%时，不宜使用这两种方法。灰土挤密桩法和土挤密桩法在消除土的湿陷性和减弱渗透性方面效果基本相同，土挤密桩法地基的承载力和水稳定性不及灰土挤密桩法。

4.3 现代木结构建筑基础的做法

4.3.1 挖掘要求

建筑基础的位置可能取决于当地规划的要求以及公共设施的要求。首先，以建筑场地的各角落为参照物，按照认可的建筑方案在地面上用荧光喷漆做标记确定建筑的周边位置。通常情况下，一般需要在建筑物周边为施工和排水预留800mm开挖的附加空间。地基的挖掘应根据合理的建筑方案挖掘土壤或岩石至规定的深度，深度取决于土壤条件、冬季气温、基础类型、街道和竣工地面的标高以及设计要求。良好的排水也至关重要。

地基的开挖应延伸至原状土。在浇筑基础时应保证表面平整，并除去表层的土壤和有机物质。在白蚁侵害的地方，土壤表层下的树桩和其他木屑都应除去。建造过程中，应保证开挖底部无静水并防止水冻结。

基础的建造必须考虑来自建筑物本身和居住者、地震、风、雪、土壤和侧向水压力等不同的荷载，以及荷载在土壤或岩石中的分布。基础的现场施工如图4-10所示。

图 4-10 基础的现场施工图

图片来源：http://wenku.todgo.com/IT/13663594be4d5_p16.html

基础分为条形基础和独立基础。条形基础支撑并连接基础墙。独立基础支撑并连接壁柱、柱、墩和烟囱。在浇筑混凝土前，可在条形基础里为连接基础墙设预留槽或预埋钢筋。尽管规范没有要求，条形或独立基础内通常预埋钢筋，以提高基础的强度。

4.3.2 条形基础

条形基础是指基础长度远远大于宽度的一种基础形式。按上部结构分为墙下条形基础和柱下条形基础（图4-11）。基础的长度大于或等于10倍基础的宽度。

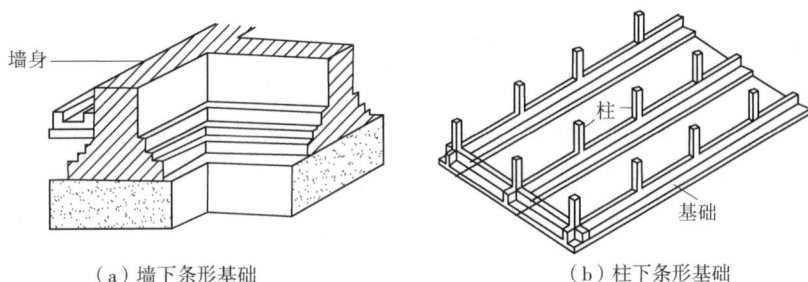

（a）墙下条形基础　　　　　　　　（b）柱下条形基础

图 4-11　条形基础示意图

条形基础的特点是，布置在一条轴线上且与两条以上轴线相交，有时也和独立基础相连，但截面尺寸与配筋不尽相同。另外，横向配筋为主要受力钢筋，纵向配筋为次要受力钢筋或分布钢筋。主要受力钢筋布置在次要受力钢筋下面。

4.3.3 独立基础

独立基础是指建筑物上部结构采用框架结构或单层排架结构承重时，常采用的圆柱形和多边形等形式的独立式基础，也称单独基础（图4-12）。

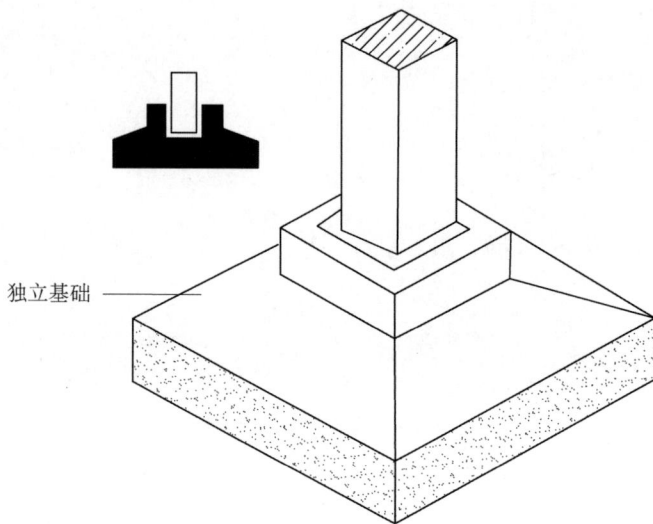

图 4-12　独立基础示意图

独立基础的特点为：一般只坐落在一个"十"字轴线交点上，有时也跟其他条形基础相连，但是截面尺寸和配筋不尽相同（独立基础如果坐落在几个轴线交点上承载几个独立柱，叫作共用独立基础）；基础之内的纵横两方向配筋都是受力钢筋，且长度方向的一般布置在下面。长宽比在3以内且底面积在20m²以内的为独立基础（独立桩承台）。

独立基础施工工艺流程如下：

（1）土地的初步整平

除去土上杂草及垃圾，然后进行初步整平。

（2）定位放线

在工地旁边找一座标志性建筑物，从其引一坐标以确定要建的建筑物的位置。根据引过来的坐标，按照图纸轴线及施工要求进行放线和复测。为保证轴线位置正确，龙门桩用钢管和扣件搭设。当定位复核完成后，将主要轴线用钢锯在钢管上锯出痕迹。

（3）土方开挖

使用正铲挖掘机，挖到要求深度200mm；再进行人工挖土，人工挖至设计标高，清底，修边，验槽。

（4）砼垫层施工

基槽验收通过后即进行砼垫层施工。砼垫层施工前排除积水、铲除淤泥、支好模板后进行混凝土浇筑，用平板振动机振捣。确保砼垫层的厚度和强度达到设计要求。砼垫层浇筑完毕应重视养护工作，宜在12h内浇水并用塑料薄膜覆盖，保持砼表面湿润状态。常温下应养护5～7天。

（5）模板工程

基础部分模板全部采用组合钢模板，支撑系统采用普通钢管扣件。使用钢模板经济且可循环利用。基础不用抹灰故不要求外观整洁。防震缝的宽度一般为50～70mm。防震缝之间可加木头或者泡沫，等到拆模板时再把木头或泡沫拿掉。先立底模板，然后放钢筋并绑扎，最后支侧模板。

（6）钢筋工程

基本施工流程为：弹出钢筋位置线→绑扎底板钢筋→绑扎基础梁钢筋→绑扎柱插筋→隐蔽工程验收。梁柱交接时，柱的钢筋放于内钢筋的内侧，这是为了满足保护层结构耐久性要求；否则要做一些特殊处理。拉结筋每隔400cm放一条。模板间安置了拉结条，防止浇注混凝土时模板膨胀，模板上方用钢筋支撑以防止模板向里收缩。

（7）砼工程

混凝土的计量必须严格按照现场混凝土配比进行，施工现场实行混凝土原材料"车车过磅"的原则，严格把好混凝土的计量关。混凝土的自由坠落高度不应超过2m，可采取串筒送料的方法控制混凝土自高处倾落的自由高度。混凝土的浇捣应分层进行，每层厚度不应超过振捣器作用部分长度的1.25倍（约500mm）。混凝土养护在混凝土表面二次压实后进行。混凝土养护采用覆盖塑料薄膜后再覆盖草帘的保温、保湿养护方法。塑料薄膜内应保持有凝结水。

混凝土浇筑时，除每100m³同配比混凝土应取不少于1组标准养护试块外，还应留置1组同条件养护试块。现场混凝土试块留置应在浇筑地点随机取样制作。

（8）拆　模

模板拆除时，可采取先支的后拆、后支的先拆，先拆非承重模板、后拆承重模板的顺序，并应自上而下进行拆除。

（9）土的回填

将回填土分层回填夯实，压实系数不小于95%。室内的回填土回填至地坪垫层以下高度。

4.3.4 筏形基础

当上部结构荷载较大，地基土较软，采用一般的基础不能满足地基承载力要求或采用人工地基不经济时，可以在建筑物的柱、墙下方做一块满堂基础，即筏形（片筏）基础。

筏形基础由于其底面积大，埋置深度较大，故可减少基底压力，同时提高地基土的承载力，比较容易满足地基承载力的要求。筏板把上部结构连成整体，可以充分利用结构物的刚度，调整基底压力分布，减少不均匀沉降。

此外，筏形基础还具有其他基础所不具备的功能，如：能跨越地下浅层小洞穴、沟槽和局部软弱层；提供比较宽敞的地下使用空间；作为地下室、水池、油库等的防渗底板；

增强建筑物的整体抗震性能；满足自动化程度较高的工艺设备对不允许有差异沉降的要求；等等。

当地基有显著的软硬不均或结构物对差异变形很敏感时，采用筏形基础要慎重。这是由于筏形基础的覆盖面积大而厚度和抗弯刚度有限，不能调整过大的沉降差。这种情况下，应考虑对地基进行局部处理或使用桩筏基础。另外，由于地基土上的筏板工作条件复杂，内力分析方法难以反映实际情况，设计中往往需要双向配置受力钢筋，工程造价有所提高。因此，经过技术、经济等方面的综合评估后，才能确定是否选用筏形基础。

4.3.5 箱形基础

箱形基础是由底板、顶板、外墙和一定数量的纵横内隔墙构成的整体刚度较大的单层或多层箱形钢筋混凝土结构，其适用于软弱地基上或不均匀地基土上建造带有地下室的高层、重型或对不均匀沉降有严格要求的建筑物。

箱形基础刚度大、整体性好，可将上部结构荷载有效地扩散到地基土中，同时又能调整地基的不均匀沉降，减少不均匀沉降对上部结构的不利影响；箱形基础埋深较大，基础中空，开挖卸去的土重部分抵偿了上部结构传来的荷载。由此减小基底的附加应力，使地基沉降量减小。箱形基础为现场浇筑的钢筋混凝土整体结构，底板、顶板及内外墙厚度均较大，而且其长度、宽度和埋深都大。在地基作用下，箱形基础发生滑移或倾覆的可能性很小，基础本身的变形也不大，因此它是一种抗震性能良好的基础形式。

高层建筑的箱形基础往往与地下室结合设计，其地下空间可作为人防、设备间、库房、商店以及污水处理车间等。但由于内墙分隔，箱形基础地下室的用途不如筏形基础地下室广泛，不能当成地下停车场等。

箱形基础的钢筋水泥用量很大，工期长，造价高，施工技术比较复杂，在进行深基坑开挖时，还需考虑地下水位、坑壁支护及对周边环境的影响等问题。因此，箱形基础的采用与否，应在与其他可能的基础方案做技术、经济等方面的综合评估之后再确定。

4.4 现代木结构建筑基础的防护措施

4.4.1 基础的防腐

架空层通常指楼盖的底面和地面之间净距小于2m的封闭空间。地面潮气的控制是架空层面临的主要问题。对未采暖的架空层保证良好的通风尤为重要。为了通过排水系统来防止水进入架空层，地面上应覆盖适当的材料以防止潮气渗入。

一般竣工地面由建筑向外倾斜，并通过设置基础排水管将大多数地面水从基础排走。防潮是指用来阻止任何多余潮气通过混凝土毛细孔作用进入地下室、架空层或上部结构（图4-13）。

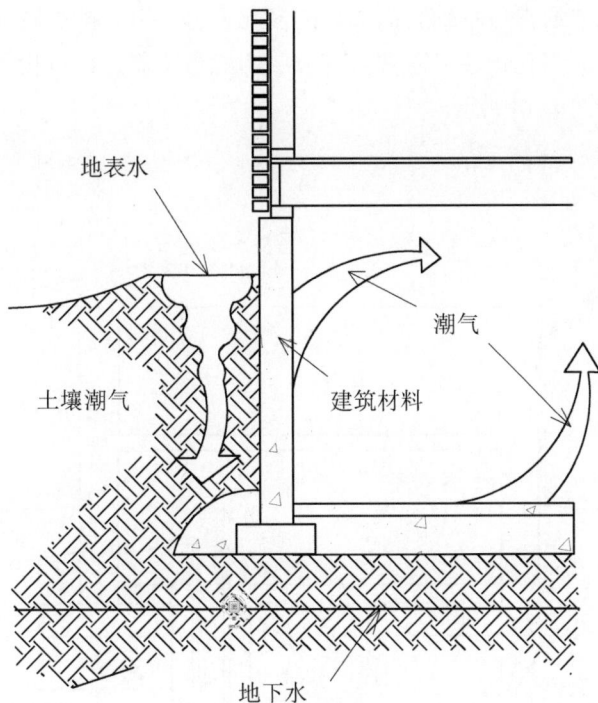

图 4-13　潮气透过混凝土渗入过程示意图

图片来源：参照《中国轻型木结构房屋建筑施工指南》插图重新绘制

通常将防潮材料喷射或涂刷在混凝土上。在封闭模板连接处的孔洞和凹槽后应再使用防潮材料。防潮处理是一种很好的建筑施工方法，尤其是当外部地坪高出基础墙内土壤层的高度时。然而，当外墙承受高水位压力和渗透时，此处理方法将失去效力。在这种情况下可能需要进行特殊处理。

4.4.2 基础的防水

防水处理涉及与高水位和静水压力有关的严重渗水问题。防水产品和技术有许多种，包括在承受压力的基础墙上涂刷几层沥青和铺设无渗透性防水薄膜等。

楼面混凝土板也应该防水。常用的办法是在两层混凝土之间铺设一层防水薄膜，此防水薄膜一直延伸至墙体结构，形成一个完整的密封层。当楼面混凝土下出现静水压，应采取适当的措施以减轻此静水压，或者混凝土板的设计应达到使其能抵抗由此压力引起的向上浮力。处理严重的渗水问题时，一般需要听取专业人员的建议，并采取最适合现场条件的防水和排水措施。

4.4.3 基础的排水

通过倾斜的竣工地面来排走地表水是基础防潮控制的关键。然而，部分地下水会渗入基础附近的土壤。基础墙渗漏现象最可能在长时间持续的雨季或融雪季节发生。

基础附近的地下水通常沿基础底部安装的多孔管道排出。排水系统可将水排入暴雨排水管、排水渠或干井。多孔管道上通常盖有一层用滤布覆盖的颗粒状材料，以便水流向管道。排水管的安装如图4-14所示。

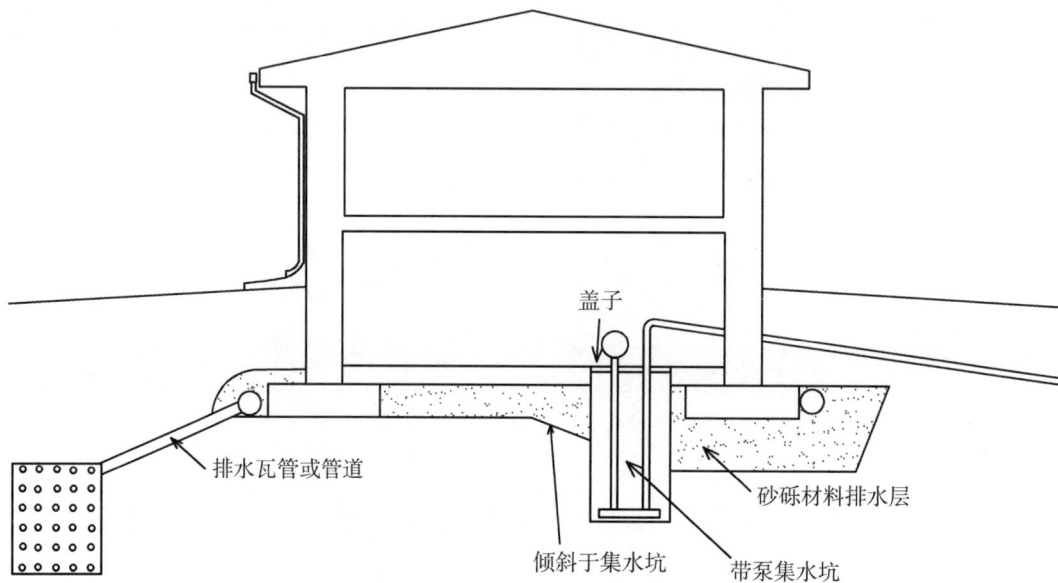

图4-14 排水管的安装示意图

图片来源：参照《中国轻型木结构房屋建筑施工指南》插图重新绘制

在土壤排水性差或高地下水位的地方，应听取地方有关部门的建议再选择排水措施。必要时，可能需要安装特殊的排水系统或污水泵。

4.4.4 基础的防白蚁措施

白蚁是房屋木构件、木制品的主要害虫。散白蚁主要危害房屋的门框、木柱、墙裙、地板、木楼梯的近地面处，居民看到有翅成虫纷飞并要求灭治的也主要是此类害虫。白蚁侵害如图4-15所示。土白蚁主要危害花木、堤坝，也能进入室内危害靠近地面的木构件，但较散白蚁的危害要轻。美国每年房地产业主因白蚁为害的损失代价为7.5亿～15亿美元。根据我国23个城市的调查统计，白蚁造成的损失每年约为8.3亿元人民币；全国因白蚁为害房屋木构件造成的损失，估计可达10亿～15亿元人民币。据调查，我国长江流域房屋建筑受害比例可占房屋总数的40%～50%，华南地区受害率可达60%～80%。

木结构建筑的户外防虫处理，主要是做好白蚁预防处理：建筑工地施工前后要注意清洁，消除或销毁所有的蚁巢，销毁残留的废弃木料、树根等杂物，禁止掩埋未处理的木材，禁止在架空层内储存纸、纸板或未处理的木材，建筑物周围设立药土屏障，隔绝白蚁进入室内的通道，底层木门、窗框、木地板、护墙板等贴墙着地的木构件用油溶性防蚁剂涂刷或喷涂液剂喷雾。室外建筑物、独立车库等附属建筑物应尽量避免直接接触主建筑物，除非它们具有相同的保护措施；与主建筑物相连的栅栏、观景亭、水平台、棚架等景观结构必须采用加压处理过的木材，并在建造时阻断白蚁到达主建筑物上的通道，特别是不易察觉的通道。

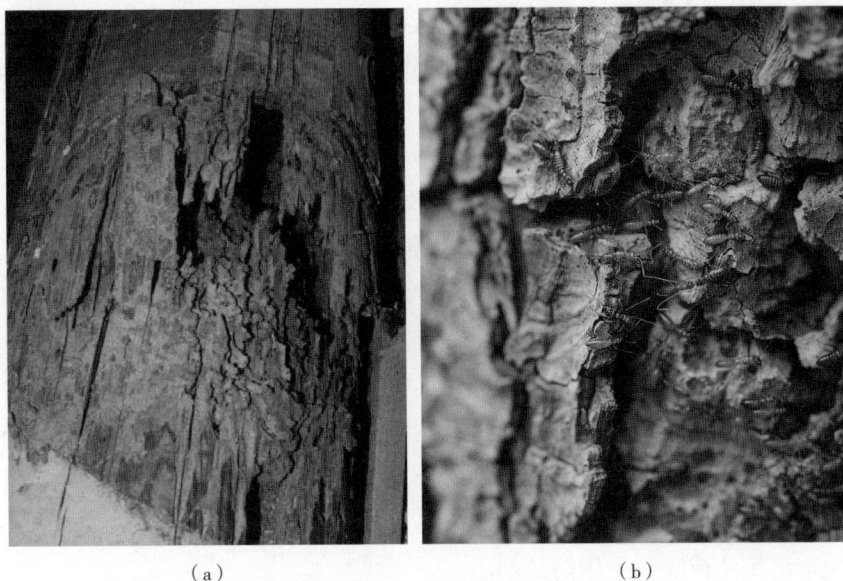

（a）　　　　　　　　　　　　　　　　　　（b）

图4-15　白蚁侵害

图片来源：https://club.1688.com/article/14830923.html

4.4.4.1 物理屏障法

物理屏障法是利用一些物理材料，如砂砾、玄武岩颗粒、金属筛网、金属板、聚氯乙烯（PVC）板等作为物理屏障，阻止白蚁从地下穿入并危害建筑物木结构的方法。物理屏障法的优点在于一次施工后有效期很长，所花费用低于化学屏障法，没有环境污染，越来越受到客户的欢迎。

（1）颗粒屏障法

国外研究人员用多种砂砾、碎石进行试验，发现白蚁用口器搬运土壤时，不能用口器搬运直径大于1mm的颗粒；大于或等于3mm的颗粒，其间隙白蚁可以通过。这证明颗粒直径为1～3mm的砂砾、砂石能有效阻止白蚁通过颗粒屏障。加拿大多伦多大学研究人员发现，当50%的砂砾颗粒直径为1.4～2.8mm，其他混合物（不能超过25%）的最大直径小于1.4mm时，这种砂砾是非常有效的物理屏障。美国夏威夷大学白蚁实验室，发明了利用特制的玄武岩颗粒作为物理屏障的防治方法，要求玄武岩颗粒直径为1.7～2.4mm，铺层厚度大于10cm。该技术被用于新建筑物和旧建筑物的白蚁预防。

（2）不锈钢筛网法

由于白蚁只能通过1mm以上的空隙，澳大利亚一家公司利用网孔只有0.5mm的不锈钢筛网产品作为物理屏障，阻止白蚁进入建筑物内。不锈钢筛网抗氧化、抗腐蚀、坚固，能有效预防白蚁50年。

（3）防护板法

利用金属板、PVC板、石板铺在墙基、柱子等部位，将建筑物上部与地基隔开，利用金属板、PVC板、石板的密封性、承压性、耐腐蚀性阻止白蚁进入建筑物内。通常承重的防护板用金属板或石板，地脚线用PVC板。金属板必须焊接牢实，不能有缝隙，且只能用于新建筑物；PVC板可用于新建筑物或旧建筑物。我国古建筑普遍使用石板作为柱墩预防白蚁。

（4）惰性粉法

利用惰性粉防治城市害虫，在国内外都曾是古老而有效的方法。我国古代有利用草木灰或石灰防止虫蛀的记载。国外从20世纪80年代开始，至少有10多种此类商品出现。近年来，国外对惰性粉杀虫剂的研究集中于无定形硅的硅藻土和硅胶。硅藻土大多数取自至少2000万年前（中新世）海洋或湖泊中由极小的浮游植物——硅藻形成的化石沉积层。硅胶是胶状的硅石，活化后有大量微孔，对昆虫身体表皮的类脂层和水分都有很强的吸收力，其制造原料是沙。硅藻土和硅胶的杀虫活性都是物理作用而非化学作用，对昆虫的作用机制并非直接由虫体吸收水分，而是以其对昆虫表皮很薄的类脂层有很强的吸收力，从而使昆虫失去对水分蒸发的控制能力，最后让其因脱水而死亡。

4.4.4.2 化学防治

（1）化学屏障法或灌注土壤防蚁剂法

建筑物的地坪、内外墙基、桩基、管井等周围的土层，均应设置毒土化学屏障，阻止白蚁侵入建筑物。该法具有保护效果明显、对兼治其他害虫有效、没有维护费用等优点。但缺点是预防保护期有限。由于近年来停用有机氯杀虫剂，其他药剂每隔3～5年需要重新处理一次，使用防蚁剂的费用较高，且会将有毒化学物质带入环境中，严重污染环境。

化学屏障包括水平化学屏障设置（简称水平屏障）和竖向化学屏障设置（简称竖向屏障）。前者指通过防治药物处理房屋底板下和周边水平方向的土壤，防止白蚁等害虫从垂直方向侵入房屋；后者指通过药物处理房屋底板下和周边垂直方向的土壤，防止害虫从水平方向侵入房屋。

对于低洼地区或地下水位小于2m的地区，不得采用易溶于水的药剂进行处理，应改用不溶于水的固状或粉状药物进行处理，并选择在干燥的气候条件（相对湿度小于70%）或地下水位较低时进行施工。距水源6m以内区域、地下水位以下区域或经常遭受水浸区域，严禁设置毒土化学屏障，以免污染水源；但应定期设置监控诱杀箱诱杀蚁源。完工后的毒土化学屏障（包括水平屏障和竖向屏障）必须在地坪下面保持连续，防止白蚁利用可能的空隙或漏洞进入建筑物。

（2）诱饵法

在诱饵装置内放入慢性传染性灭蚁剂如氟虫胺、氟蚁腙、氟蚁灵等，在建筑物外围每隔一段距离埋设一个诱饵装置。部分白蚁取食诱饵后返回原群体中去，利用白蚁的抚育与交哺习性以及亲密接触，灭蚁剂在群体中传播，最终杀死全巢白蚁。国内诱饵法一般用于灭治白蚁，近年来利用中草药、天然杀虫植物作为诱饵毒剂也获得了成功。国外常将诱饵法作为一种监测、管理白蚁的手段，可以及时发现及消灭建筑物外围的白蚁，防止白蚁进入室内危害。

4.5　本章小结

本章介绍了基础的基本概念与类型、地基处理方法、基础做法，以及建筑基础的防腐防水、排水与防白蚁措施。现代木结构的基础一般采用钢筋混凝土结构形式，即地下室部分；无地下室的部分采用条形基础及钢筋混凝土圈梁，在钢筋混凝土墙及圈梁顶部预埋连接构件，将木制基板锚固在基础墙顶上，从而连接上部分木结构部分。基础的性能可能影响整个木结构房屋的性能，所以基础的设计至关重要，必须将用于建造基础的各方面规范和其他法规要求作为最低标准来执行。

参考文献

费本华, 周海滨. 轻型木结构住宅建造技术[M]. 北京: 中国建筑工业出版社, 2009.

加拿大木业协会. 中国轻型木结构房屋建筑施工指南[Z]. [出版地不详: 出版者不详], 2010.

梁森. 建筑基础工程中对地基加固处理技术的探讨[J]. 中国高新技术企业, 2010（31）: 177–178.

刘广哲. 现代木结构住宅的设计与施工研究[D]. 哈尔滨: 东北林业大学, 2012.

刘金砺. 我国建筑基础工程技术的现状和发展述评[J]. 建筑技术, 1997（7）: 466–468.

刘先聪. 建筑基础工程中对地基加固处理技术的探讨[J]. 工业, 2015（8）: 63.

杨金铎. 房屋建筑构造[M]. 北京: 中国建材工业出版社, 2011.

袁聚云. 基础工程设计原理[J]. 岩土力学, 2005, 26（12）:1.

曾德民, 苏经宇. 建筑基础隔震技术的发展和应用概况[J]. 工程抗震, 1996（3）: 37–41.

张在明. 地下水与建筑基础工程[M]. 北京: 中国建筑工业出版社, 2001.

庄宇, 王立安. 浅谈预防建筑基础产生不均匀沉降的措施[J]. 硅谷, 2010（1）: 133–133.

5 现代木结构建筑楼地层设计

本章导读： 本章内容主要对木结构楼地层进行介绍，从现代木结构楼地层的基础认知、构造形式和施工做法以及楼地层的细节处理等方面展开。楼地层的概述分为楼地层基本分类、楼盖体系组成、楼地层设计要求等方面；构造上包含桁架、搁栅等方面；细节处理包含隔声、防水防潮以及地板面层等方面。

5.1 现代木结构建筑楼地层概述

楼地层是建筑物的水平分割构件，主要承担竖向荷载（如人、家具、设备重量）并将其传递给竖向结构（墙、柱、基础等），同时起到分隔空间、隔声、防火、保温等作用。其中楼层是指建筑物内部分隔上下空间的水平构件（如二楼楼板）。地层即地坪层，其底层与地基接触的部分，应防潮、防沉降（如首层地面）。楼地层设计需结合建筑功能、荷载需求及规范（如《建筑结构荷载规范》GB 50009—2012）综合考量，确保安全性与适用性。

现代木结构建筑的结构体系结合了传统木工技艺与现代工程技术，具有环保、轻质、抗震、预制化等优势。按其结构形式可分为梁柱式结构、井干式结构、轻型木结构、混合木结构。

梁柱式结构与井干式结构存在于普通木结构和胶合木结构中，属于重型木结构体系，常用于各种大跨度的工业与公共建筑中，如体育馆、厂房、教堂、会所等。轻型木结构体系适用于3层及3层以下的民用建筑，常用于小型建筑，如住宅、餐馆、咖啡厅等。混合木结构可用作6层及6层以下住宅建筑和办公建筑的非承重外墙、房间隔墙以及低楼层办公楼房等。现代木结构建筑根据结构体系的不同，其建筑楼地层构造形式也各具特色。

现代木结构建筑的楼地层设计应符合以下要求：

（1）具有足够的强度和刚度：强度要求是指楼地层应保证在自重和活荷载作用下安全可靠，不发生任何破坏。这主要通过结构设计来满足要求。刚度要求是指楼地层在一定荷载作用下不发生过大变形，以保证正常使用。

（2）具有一定的隔声能力：为避免楼层上下空间的互相干扰，楼地层应具备一定的隔空气传声和撞击传声的能力。不同使用性质的房间对隔声的要求不同，如我国在住宅楼板的隔声标准中规定一级隔声标准为65dB等。对一些特殊性质的房间如广播室、录音室等，隔声要求则更高。

（3）具有一定的防火能力：保证在火灾发生时，在一定时间内不至于因楼板塌陷而给居民的生命和财产造成损失。

（4）具有防潮、防水能力：对使用水的房间，都应该进行防潮防水处理。

（5）满足各种管线的设置：在现代建筑中，由于各种服务设施日趋完善，电器、电话、电脑更加普及，有更多的管道、线路将借楼地层来铺设。为保障室内平面布置更加灵活、空间使用更加完整，在楼地层的设计中，必须仔细考虑各种设备管线的走向。

5.2 现代木结构建筑楼地层的构造及做法

5.2.1 楼盖层、地坪层的基本构造

5.2.1.1 楼盖层的基本构造

楼盖作为现代木结构房屋的一个整体的框架体系，具有一定的刚度和承载力，能够承受来自房屋上部的荷载并通过墙体或柱体将荷载传给基础。楼盖作为木结构建筑的重要组成部分，关系着建筑房屋的防火性、隔声性以及安全性。

楼盖体系（图5-1）一般包括以下结构构件：

（1）地梁板：一种水平结构构件，通过螺栓锚固于基础墙顶部。由经过防腐剂加压处理的规格材制成。

（2）垫片和填缝剂：用来填补地梁板和混凝土基础的接缝。

（3）楼盖搁栅：一系列水平结构构件，支撑于地梁板和组合梁上，并横跨建筑物宽度。由规格材或工程木产品制成。

（4）组合梁：在基础墙之间用于支撑楼盖搁栅。由规格材或工程木产品组合制成。

（5）封头搁栅：与楼盖搁栅垂直，用来固定搁栅端部，并支撑于地梁板上。用规格材或工程木产品制成。

（6）木底撑、剪刀撑或搁栅横撑：在支座间，用于将搁栅连接起来。由规格材制成。

（7）楼面板：板材长度方向与搁栅垂直，宽度方向拼接，与搁栅平行并相互错开，楼板拼缝应连接在同一搁栅上。由木基结构板材制成。

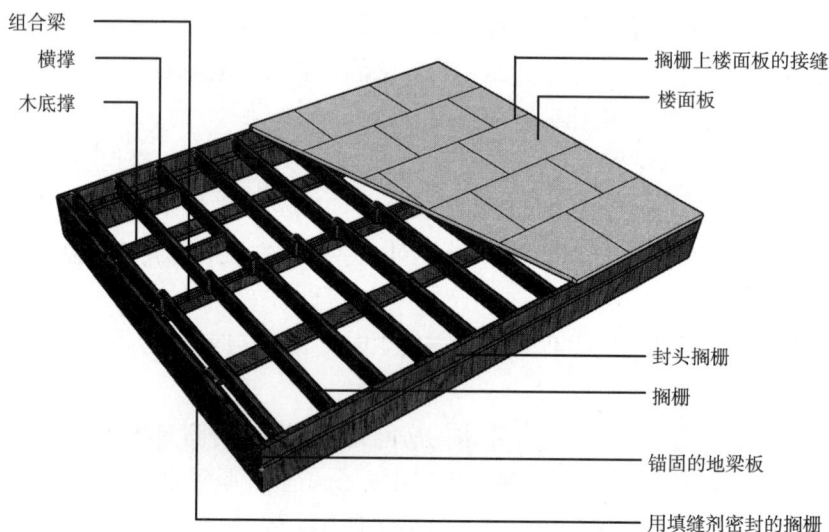

图 5-1　楼盖体系示意图

5.2.1.2 地坪层的基本构造

地坪层是建筑物底层与土壤相接的构件，它承受着底层地面上的荷载并将荷载直接传给地基或通过地梁板传给基础直至地基。地坪层由面层、垫层（结构层）、素土夯实层构成，根据需要还可以设置各种附加结构层。这里以轻型木结构中的地坪层为例进行说明：它包括基础（素土夯实层）、地梁板及楼面搁栅（结构层）、楼面覆面板（面层）。

（1）基础：基础作为木结构建筑最下面的一层结构，主要功能就是将自身承受的荷载传递并分配到下面的土壤和岩层，土壤和岩层要有足够的支撑能力。条形基础支撑并连接基础墙，独立基础支撑并连接壁柱、柱、墩和烟囱。

（2）地梁板：锚固于基础墙的顶部，并支撑搁置在其上面的楼盖搁栅。地梁板采用经过防腐处理的规格材制成。

（3）楼盖搁栅：楼盖搁栅是置于地梁板之上的结构构件，底层的楼盖搁栅和整个楼盖系统通过螺栓和地梁板连接在一起，使楼盖系统可以固定在基础上，以抵抗由风和地震引起的上拔力和侧向力。

（4）楼面覆面板：木结构覆面板是指软木胶合板或定向刨花板。因其在表层木纹理或木片长度方向强度较高，在铺设时，板材长度方向与搁栅垂直，宽度方向拼缝与搁栅平行并且相互错开。

5.2.2 楼面搁栅的做法

楼面搁栅做法可用于梁柱式木结构、井干式木结构以及轻型木结构，是一种比较传统的楼面做法。

5.2.2.1 楼面搁栅的基本构造

（1）梁柱式木结构楼面搁栅构造

楼面搁栅构造在《木结构通用规范》（GB 55005—2021）中，一般的木结构和胶合木结构都在梁柱结构体系的范畴之内。梁柱木构架通常与典型的平台构架结合运用，其楼面构造和轻型框架楼面有相似之处。木构中主梁、次梁及楼面铺板组成，如图5-2所示。

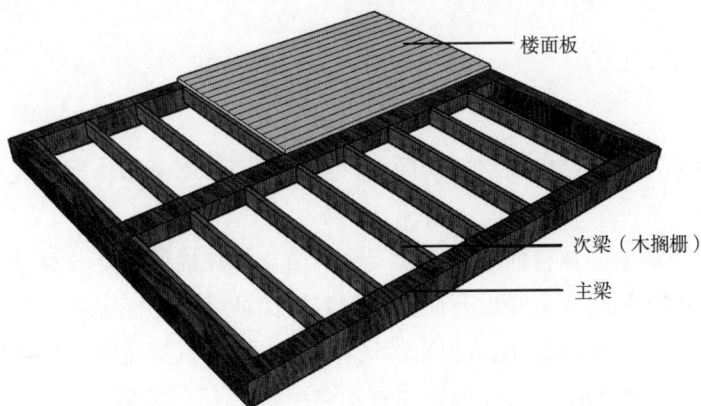

图 5-2　梁柱式木结构楼面搁栅典型构造示意图

（2）井干式木结构楼面搁栅构造

井干式木结构是将水平木作为承重墙，其余地面以2m×4m轻型木材统一构造而成。其楼面搁栅构造如图5-3所示，地面搁栅构造如图5-4所示。井干式楼面与箱板式房屋（轻型木结构）构造方法基本相同，即搁栅上钉铺面板。

（3）轻型木结构楼面搁栅构造

目前，轻型木结构体系主要采用的结构形式有两种：连续式框架结构和平台式框架结构。平台式轻型木结构楼面搁栅可以使用规格材，也可以使用工字形搁栅代替，同时在搁

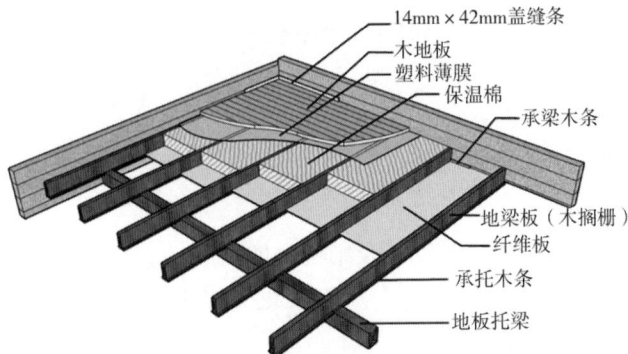

图 5-3　井干式木结构楼面搁栅构造示意图

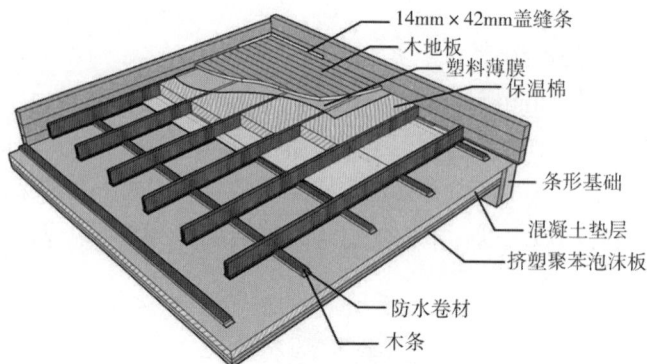

图 5-4 井干式木结构地面搁栅构造示意图

栅上方牢固覆盖采用木基结构板材的楼面板，其下方覆盖木基结构板材或石膏板作为底层的天花板。

　　轻型木结构建筑地面及楼面的木构骨架分别由支撑在地梁板上和双层顶梁板上且加钉连接的平行排列的搁栅组成，并设有横撑和剪刀撑保证结构的稳定性。在搁栅的端部钉有封头板，上钉铺板，并加胶黏结，如图5-5所示。楼面搁栅与铺板的截面与厚度，根据荷载情况及搁栅间距计算确定。楼盖搁栅放置于墙顶梁之上，在支座上的搁栅长度不得小于40mm，端部应与支座连接。楼盖搁栅可采用矩形、工字形截面。

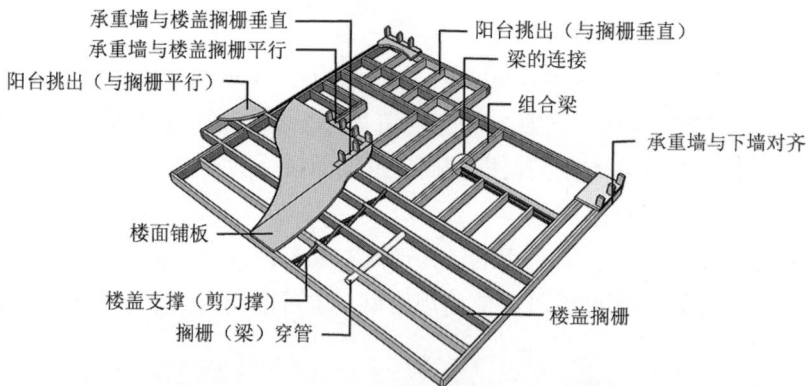

图 5-5 轻型木结构楼盖搁栅构造示意图

5.2.2.2 楼面搁栅的制作方法

（1）梁柱式楼面搁栅的制作规范

①梁与柱

梁柱式木建筑梁柱的布置、跨度以及结构上的荷载随着建筑的不同而变化。柱的间距根据规范至少在600mm以上，但实际上一般在1.2m以上。规范规定柱间距超过600mm的木结构构件均要进行工程设计。

　　梁柱式木结构与传统轻型木结构相比，连接构件数量少，结构构件上的荷载又相对较大，因此必须对构件的连接进行适当的计算分析。木梁在支座处应设置防止其倾倒的侧向支撑和防止其侧向位移的可靠锚固。当采用榫卯连接时，梁可以按简支梁来分析设计，柱则按偏心受压构件分析设计。

②楼面搁栅

楼面搁栅间距通常为300～600mm，搁栅上钉铺楼面板，搁栅通过梁托挂在主梁上。当结构承受较大的荷载或用于较大跨度时，宜采用结构复合材（SCL）和工字形搁栅（I-joist）。工字形搁栅的腹板可开孔以安装电线或管道设备，其开孔部位严格按照产品说明书进行，翼缘上禁止开孔。工字形搁栅截面形状类似工字钢，如图5-6所示。

（a）　　　　　　　　　　　　　　（b）

图5-6　工字形搁栅

图片来源：http://anywood.com/news/detail/17222.html

③楼面板

楼面板可以采用外露的实木面板或传统搁栅的做法。楼面板可采用平铺或侧铺的方法铺设，一般当荷载或跨度较大时，采用侧铺方式。当采用实木面板作为天花板时，要考虑它们的外观以及结构要求。为了获得最好的效果，外露面板的纹理与颜色与支撑它们的梁应一致，或者交替采用不同的颜色作为对比，且楼面板安装时的含水率不得超过15%。楼面板板材同时也是下一层的天花板，为了结构上稳定牢固，应采用企口节点以及木板间横向钉连接的方法。当要求天花板外露时，通常在实木面板的上面放置刚性保温层。

④连接

与其他木结构体系相比，梁柱式木结构的构件数量相对较少，节点数量也较少。梁柱式木建筑采用大量的金属扣件为其刚度节点提供了可靠性，打破了木建筑的标准，提升了木建筑的设计空间与弹性。因为构件与紧固件经常故意外露，所以紧固件应不仅能承受外力，还应好好设计。被连接构件的接触面应平整，钉紧后局部缝隙宽度不应超过1mm，钉帽应与被连接构件外表面平齐，钉孔周围不应有木材胀裂现象。

a.梁和柱的连接

当考虑抗震与抗风时，梁柱间的连接设计应能承受弯矩。一般采用重型紧固件连接梁柱，包括高强度螺栓、连接钢板、剪力连接件、裂环、胶合木铆钉等，梁与柱之间采用专用连接件螺栓连接（图5-7）。

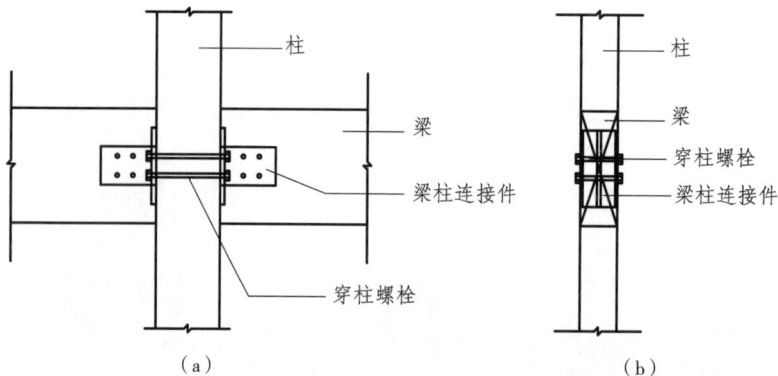

图 5-7　梁柱连接节点图

b. 搁栅和梁的连接

楼面搁栅和梁连接时，低于梁顶标高的楼面搁栅通过挂件与主梁相连，高于梁顶标高的楼面搁栅直接放置在梁上固定（图5-8）。搁栅间架设通长横撑支撑，间距不大于1200mm。

c. 搁栅和楼面板的连接

楼面板采用符合设计规定厚度的企口板，长度方向的接头应该位于搁栅上，相邻板接头应至少错开一个搁栅间距，板的每根搁栅处应用长度为60mm的圆钉从板材斜向钉牢在搁栅上。

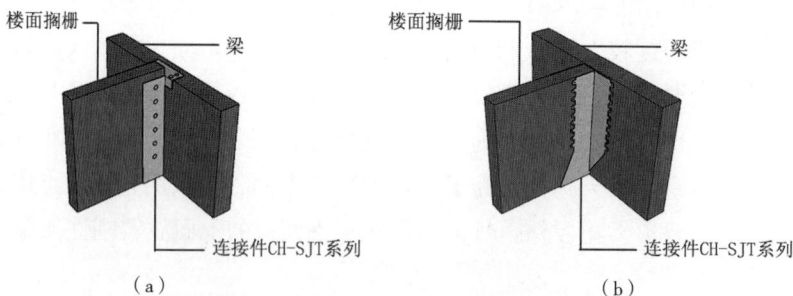

图 5-8　楼面搁栅与梁的连接示意图

（2）轻型木结构楼面搁栅的制作规范

①搁栅与搁栅的连接

搁栅中心间距通常为300mm或400mm。当房屋的跨度较大，常用规格材截面不能满足承重要求时，也可用平行弦木桁架或工字形木搁栅来替代实心木搁栅。

搁栅中每隔2.1m应有钉板条或剪刀撑，剪刀撑交叉钉在搁栅之间。当采用钉板条时，也可用实心的宽度为40mm的横撑代替剪刀撑。楼盖搁栅的支承长度不应小于40mm，支座处应有阻止搁栅扭曲的约束构件。楼盖搁栅可以与支座斜向钉连接，或与封头搁栅垂直钉连接，或用连续的钉板将搁栅固定在其下边的支座处。

a.规格材搁栅的连接

规格材搁栅常用的连接件有钉、螺栓和各种便于安装的金属连接件（图5-9）。

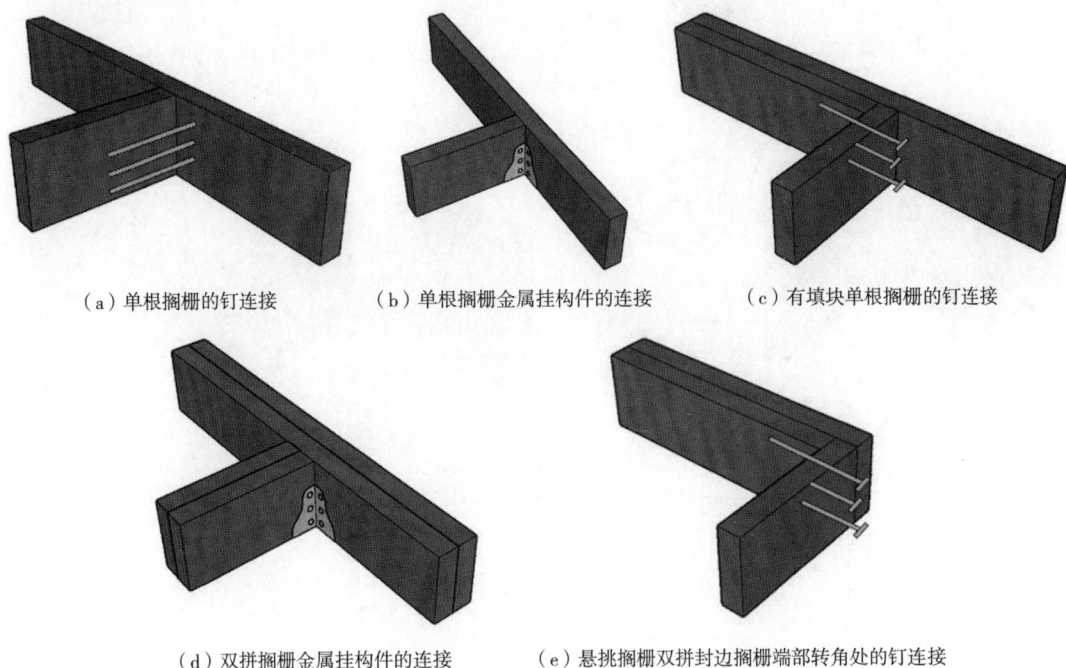

（a）单根搁栅的钉连接　　　　（b）单根搁栅金属挂构件的连接　　　　（c）有填块单根搁栅的钉连接

（d）双拼搁栅金属挂构件的连接　　　　（e）悬挑搁栅双拼封边搁栅端部转角处的钉连接

图 5-9　规格材搁栅的连接示意图

b.工字形搁栅的连接

当楼盖承受的荷载较大或跨度较大时，一般会使用工字形木搁栅。图5-10（a）为工字形搁栅与木规格材或木梁的连接；图5-10（b）为工字形搁栅与工字形搁栅的连接；图5-10（c）为工字形搁栅与基础或墙体的连接；图5-10（d）为工字形搁栅与混凝土基础顶面齐平的连接。

②搁栅与基础的连接

搁栅与基础的连接构造如图5-11所示。搁栅与地梁板斜向钉连接，地梁板用中心距不超过2m、直径不小于12mm的锚固螺栓固定在基础墙上，螺栓端距为100～300mm。锚固螺栓或其他类型的抗倾覆螺栓应准确地预埋（埋入长度不小于300mm）在混凝土基础内。封头搁栅和地梁用中心距600mm、长80mm的钉子斜向钉连接，和搁栅用2枚长80mm的钉子于端部进行连接。当地梁和地坪之间的距离不小于150mm时，地梁与混凝土之间需要做防潮处理。

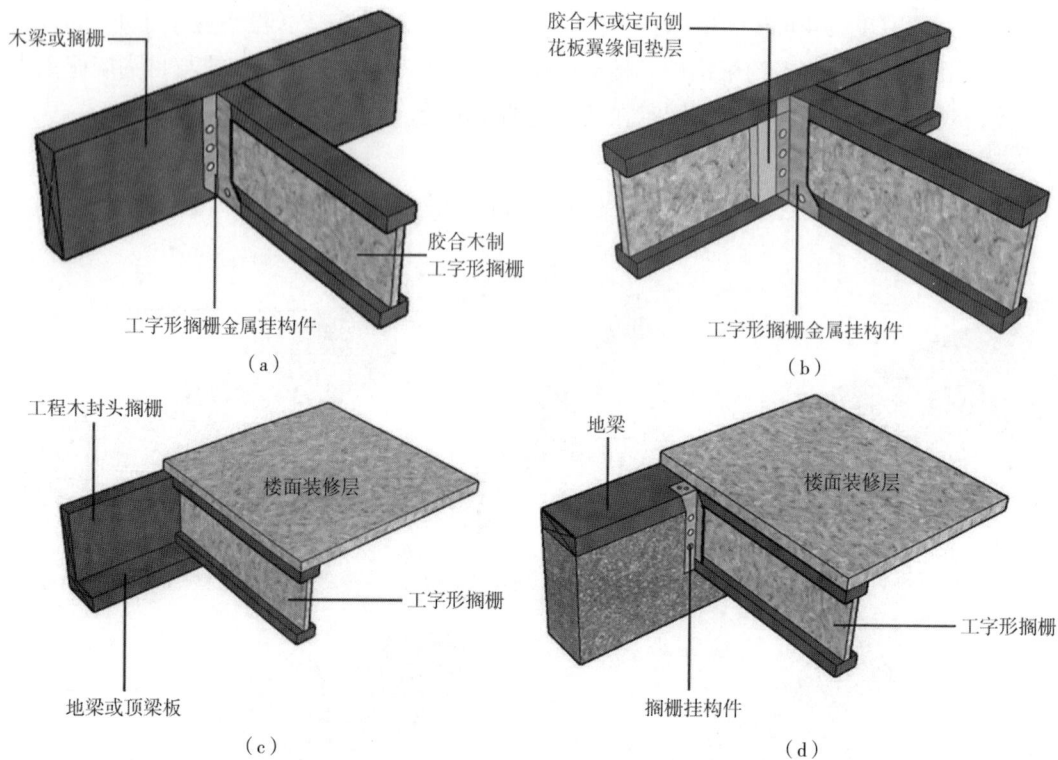

图 5-10 工字形搁栅的连接示意图

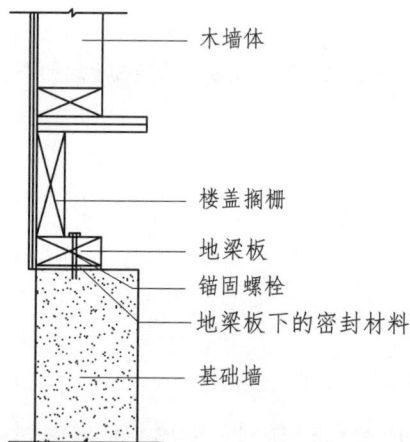

图 5-11 基础墙与楼盖搁栅连接示意图

③搁栅与梁的连接

搁栅支撑在木梁顶上，也可以用托木、搁栅连接件将搁栅安装在梁的侧面，如图 5-12所示。搁栅支撑在钢梁上时，可以搁置在钢梁顶或钢梁下翼缘上。若搁栅搁置在钢梁顶时，为满足钢梁的侧向支撑，必须用20mm×40mm的紧贴钢梁上翼缘的板条和搁栅钉接，如图5-13所示。

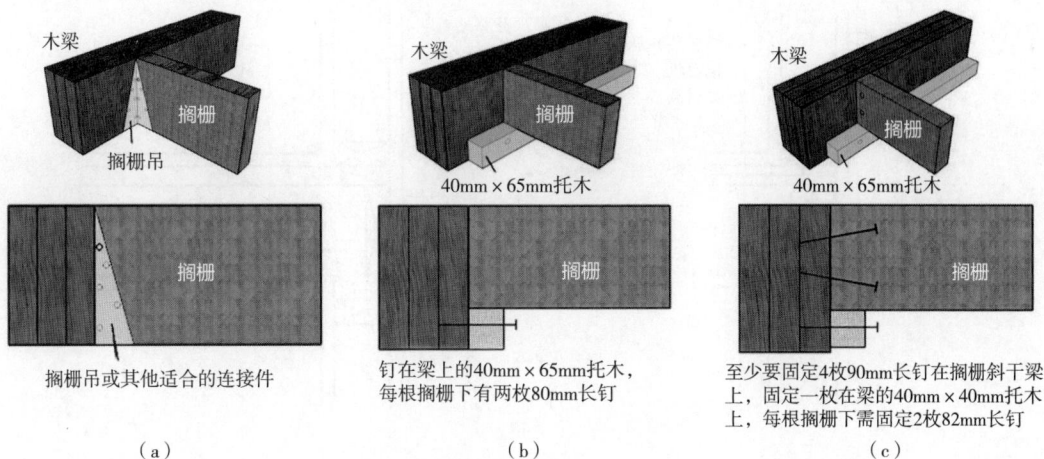

图 5-12 搁栅与梁的连接示意图

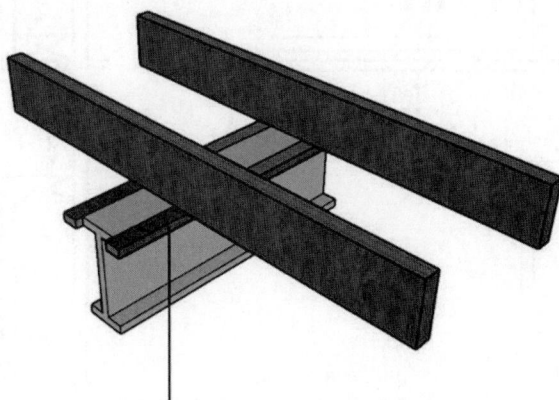

图 5-13 搁栅搁置在钢梁上示意图

④搁栅与墙体的连接

平行于搁栅的非承重墙，应位于搁栅或搁栅间的横撑上。横撑可用截面不小于40mm×90mm的规格材，横撑间距不得大于1.2m，且支撑横撑的搁栅间距不大于200mm。平行于搁栅的承重内墙不得支撑于搁栅上，应支撑在具有足够承载力的梁或墙上。

承重于楼盖搁栅的承重内墙不支撑楼盖搁栅时，与支撑楼盖搁栅的承重墙或梁的间距不得大于900mm；该墙支撑一层或一层以上的楼盖搁栅时，与支撑楼盖搁栅的承重墙或梁的间距不得大于600mm。

a.楼盖搁栅和外墙的连接

轻型木结构中，楼盖将水平荷载传递给下部墙体，再由墙体传递给基础。图5-14所示为搁栅和外墙墙骨柱的各种连接方式：图5-14（a）为搁栅与外墙墙骨柱的连接，图5-14（b）为搁栅与外墙平行且有填块的连接，图5-14（c）为搁栅与外墙平行且采用双拼边搁栅的连接，图5-14（d）为楼盖有高差时搁栅与墙骨柱的连接。

图中标注：

（a）
- 外饰墙面
- 墙骨柱
- 室内装饰层
- 楼面装修层
- 楼面板
- 楼板搁栅
- 顶棚装修层
- 封头搁栅
- 保温隔热层
- 墙骨柱
- 用于固定顶棚的2x4填块

（b）
- 外饰墙面
- 墙骨柱
- 室内装饰层
- 楼面装修层
- 楼面板
- 填块（间距与搁栅间距相同）
- 顶棚装修层
- 封头搁栅
- 保温隔热层
- 楼板搁栅
- 墙骨柱
- 地梁
- 上层楼盖
- 单层顶梁板
- 墙骨柱

（c）
- 外饰墙面
- 墙骨柱
- 室内装饰层
- 楼面装修层
- 楼面板
- 楼板搁栅
- 顶棚装修层
- 封头搁栅
- 刚性保温隔热层
- 墙骨柱
- 地梁
- 下层楼盖
- 竖向支撑

（d）

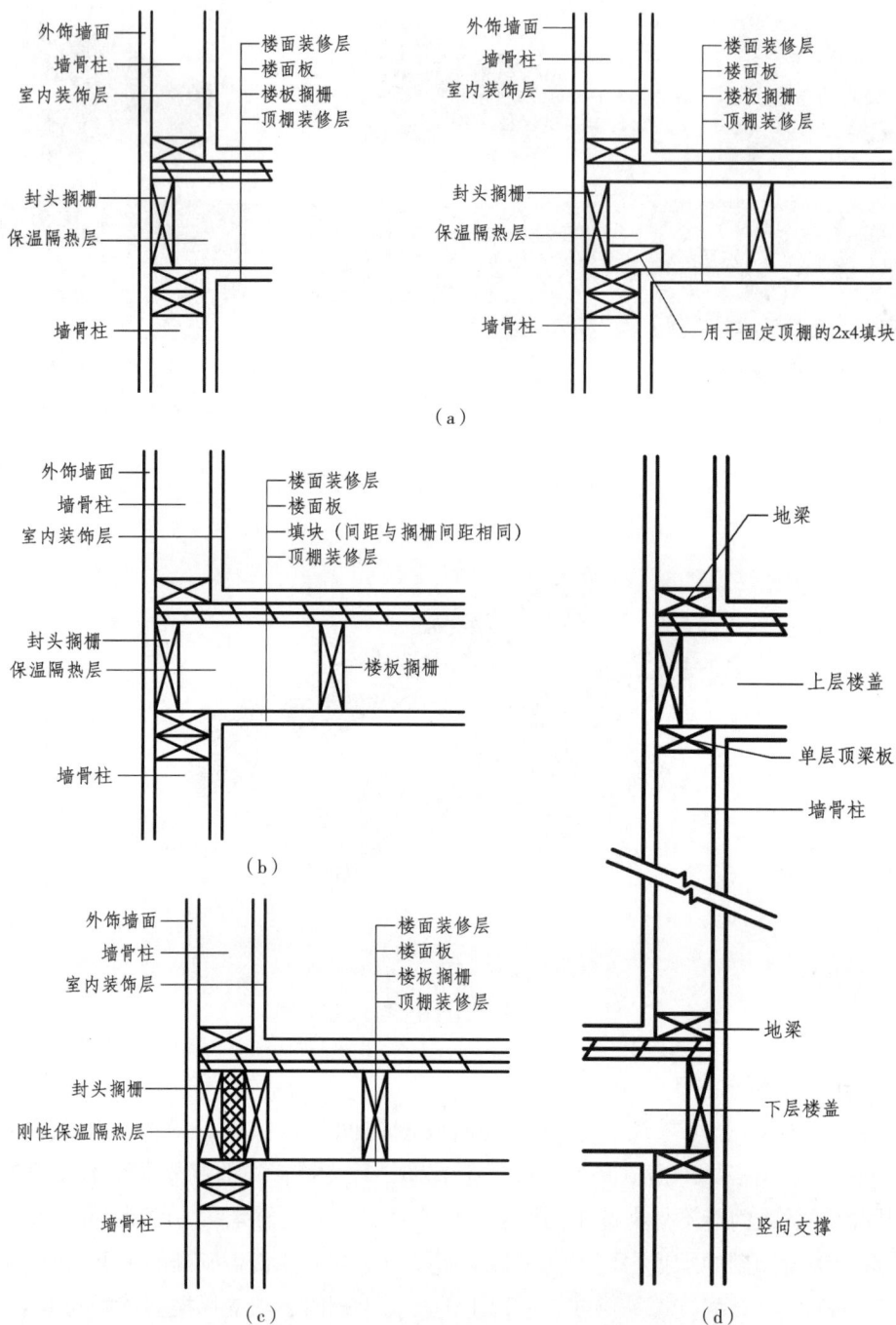

图 5-14　楼盖搁栅和外墙的连接示意图

b.楼盖搁栅与内墙的连接

建筑的内墙按功能结构分为内承重墙和非承重墙，搁栅与两种内墙体的连接方式也有所不同。图5-15为楼盖搁栅与内墙连接的各种方式：图5-15（a）为搁栅与内承重墙的连接；图5-15（b）为搁栅与非承重墙的连接。

（a）

（b）

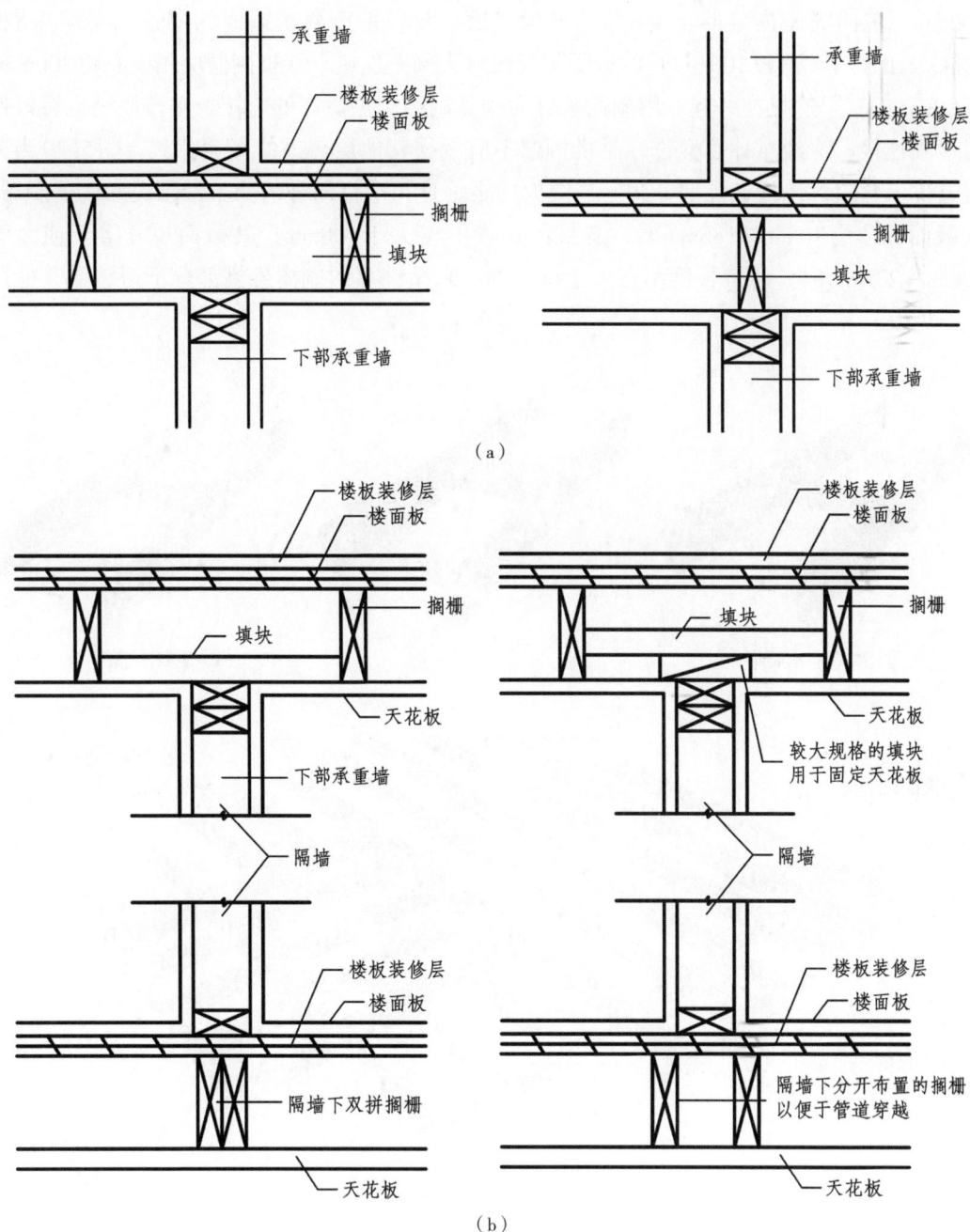

图 5-15　楼盖搁栅与内墙的连接示意图

⑤楼盖搁栅间支撑的设置

楼盖搁栅采用规格材时应保持 3m 的距离；应每隔 2.1m 布置搁栅间的支撑。常见的几种搁栅间的支撑方式为木底撑、横撑、剪刀撑，如图 5-16～图 5-18 所示。

⑥悬挑搁栅

悬挑出外墙的楼盖搁栅为上层房间提供了使用空间。悬挑构件的长度一般不超过

600mm，应向支座内延伸至少6倍的悬挑长度。每根带有悬挑搁栅的楼盖搁栅应用5枚80mm长的钉子或3枚100mm长的钉子与双根封头搁栅连接。双根搁栅应用中心距300mm、长80mm的钉子连接在一起。用搁栅吊可为楼盖搁栅提供更好的连接。楼盖搁栅也可以使用锚固连接。除经过计算允许，悬挑搁栅不应承受其他层传来的楼盖荷载。图5-19为楼盖悬挑示意图，包括悬挑部分搁栅与楼板搁栅垂直和平行两种情况。带悬挑的楼盖搁栅，其截面尺寸为40mm×185mm时，悬挑的长度不得大于400mm；其截面尺寸等于或大于40mm×235mm时，悬挑长度不得大于600mm。未做计算的搁栅悬挑部分不得承受其他荷载，见表5-1、表5-2。

图 5-16　木底撑

图 5-17　横撑

图 5-18　剪刀撑

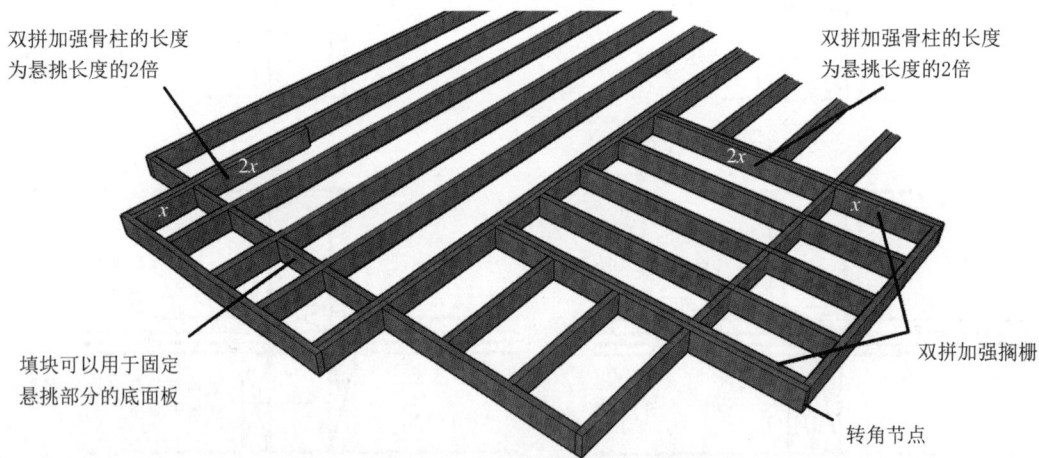

图 5-19　楼盖悬挑布置示意图

表5-1　楼盖悬挑长度与搁栅尺寸对应表　　　　　　　单位：mm

悬挑长度	搁栅最小尺寸
400	40×185
600	40×235
＞600	工程设计

注：悬挑搁栅不应支撑来自其他楼层的楼盖荷载，否则须计算允许承载能力。

表5-2 楼盖悬挑长度和延伸长度对应表　　　　　　　　　单位：mm

悬挑长度	延伸长度
300	1800
400	2400
500	3000
600	3600

注：封头搁栅必须和楼盖搁栅以钉或搁栅托连接牢固。

⑦楼面板

楼面板通常由木基结构板材组成，板材铺设时其表面木纹应与楼盖搁栅垂直。面板接缝处应相互错开，沿面板边缘应用间距150mm、长50mm的普通圆钉、麻花钉或长45mm的螺旋圆钉钉接，内支座的钉间距为300mm。楼面板的边缘应有支撑，该支撑可采用企口板或与搁栅钉接的40mm×40mm的木横撑。相同搁栅对接的楼面板在安装时，应留有3mm的缝隙以考虑面板可能的膨胀。

（3）井干式木结构楼面搁栅的制作规范

从图5-20可以看出，井干式木结构的地坪层与楼盖层的木骨架构造与前述的梁柱式木结构和轻型木结构基本相同，即在搁栅上钉铺板，这里不再重复。但由于井干式木结构的墙体构造与前两者有所不同，因此其楼面与墙体的连接有所不同，如图5-21所示。下面介绍它们与墙体的连接。

由于井干式原木墙体从基础至屋面一般是连续叠置的，因此地坪层及楼面层的搁栅，是通过梁托架与墙体连接的。

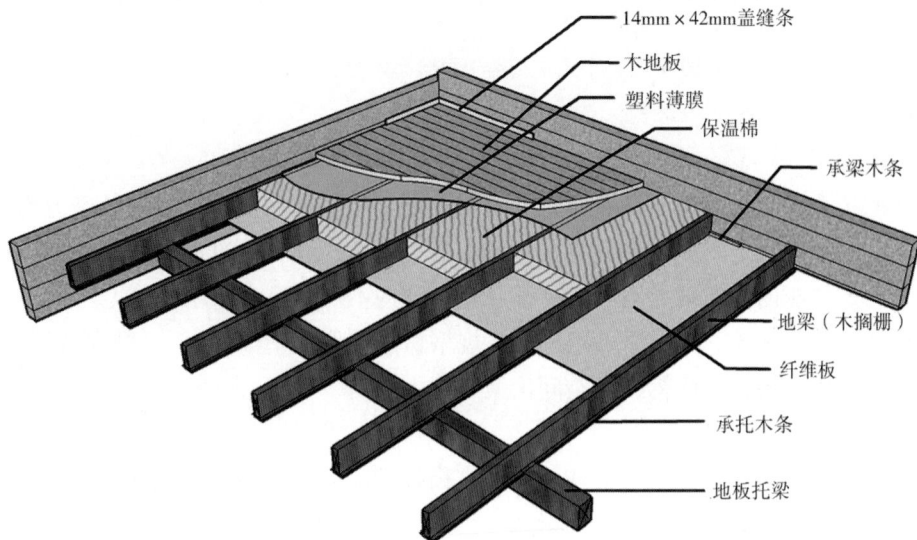

（a）楼盖层

图5-20 井干式木结构楼地层木骨架构造示意图

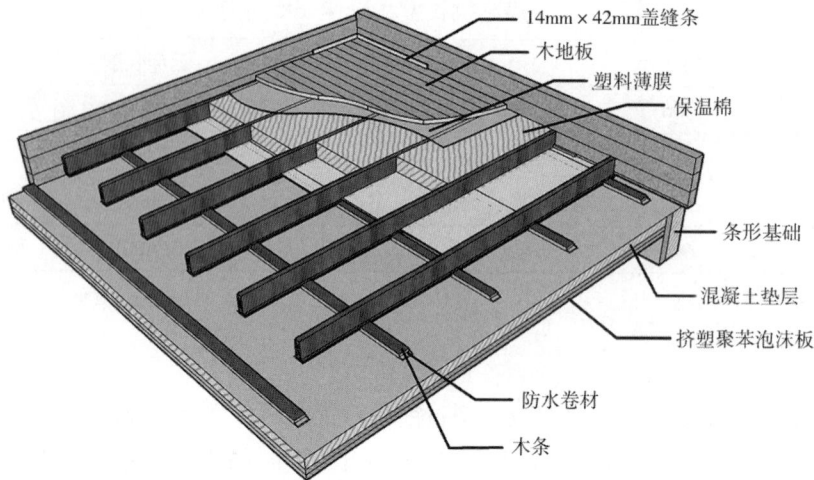

（b）地坪层

图 5-20 井干式木结构楼地层木骨架构造示意图（续）

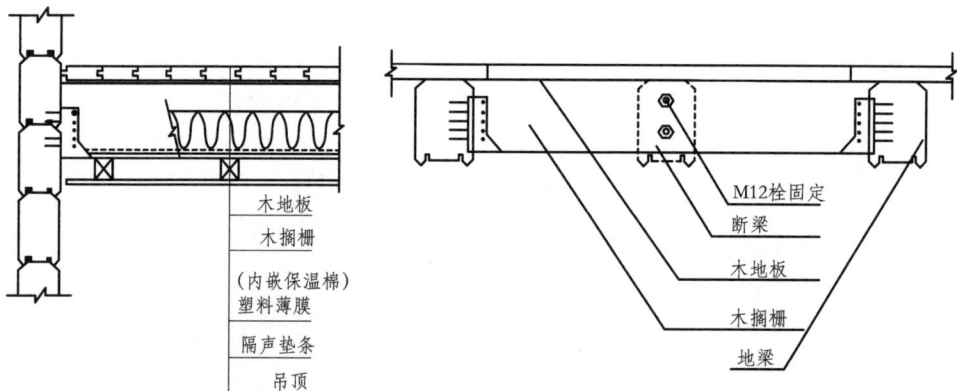

图 5-21 干式木结构楼面与墙体的连接示意图

5.2.2.3 楼面构件设计

（1）桁 架

桁架的选型可根据具体条件确定，并宜采用静定结构体系。桁架各杆件受力均以单向拉、压为主，通过对上下弦杆和腹杆的合理布置，可适应结构内部的弯矩和剪力分布。由于水平方向的拉压内力实现了自身的平衡，整个结构不对支座产生水平推力。

桁架常用跨度为 3 ～ 20m，采用齿板将规格材连接形成桁架体系，结构布置灵活，应用范围广，可用于各种平面桁架及空间桁架工程中。

（2）齿板设计

处于腐蚀、潮湿或有冷凝水的环境里的木桁架不应采用齿板连接。齿板应由镀锌薄钢板制作，不得用于传递荷载。

齿板连接按照《木结构通用规范》（GB 50005—2021）6.0.8 规定进行验算。齿板与桁架弦杆、腹杆最小连接尺寸见表5-3。

表5-3 齿板与桁架弦杆、腹杆最小连接尺寸　　　　单位：mm

规格材截面尺寸	桁架跨度 L		
	$L \leqslant 12$	$12 < L \leqslant 18$	$18 < L \leqslant 24$
40×65	40	45	
40×90	40	45	50
40×115	40	45	50
40×140	40	50	60
40×185	50	60	65
40×235	65	70	75
40×285	75	75	85

5.2.3 楼面桁架的做法

楼面桁架，又称平行弦桁架（图5-22），可以代替楼面搁栅，且更适用于大跨度建筑。平行弦桁架可采用不同的弦杆和腹杆组合以及不同的支撑点细节来设计。

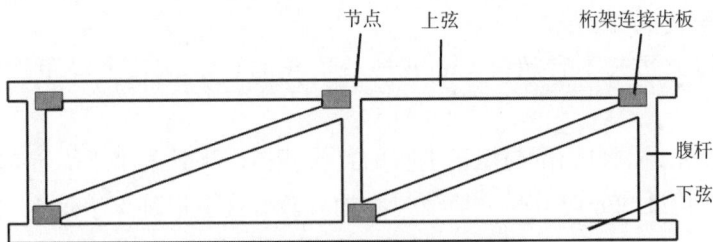

图 5-22　平行弦桁架示意图

5.2.3.1 桁架基本构造

（1）单向桁架楼盖

桁架的选型根据实际情况确定，并宜采用静定结构体系。当桁架跨度较大或使用湿材时，应用钢木桁架。平行弦桁架的最小高跨比不小于1/6。单向桁架楼盖如图5-23所示。

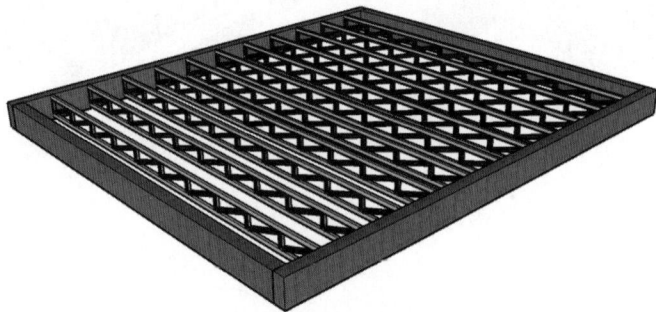

图 5-23　单向桁架楼盖

（2）双向桁架楼盖

楼盖可以通过桁架的不同组合形式来构造，布置灵活。如图5-24所示，双向桁架楼盖是一种新的木结构楼盖体系，该楼盖主要由正交桁架体系和楼面板构成。两个方向桁架之间主要采用钉连接。

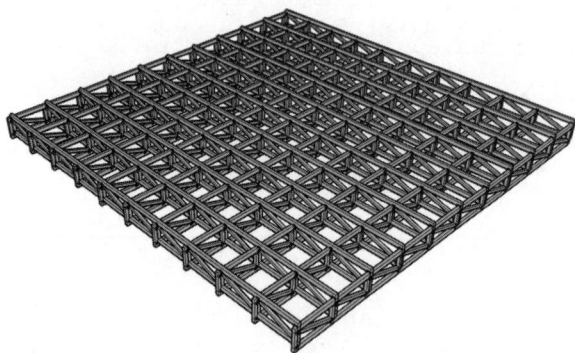

图 5-24　双向桁架楼盖

5.2.4楼盖开孔

5.2.4.1楼盖开孔的做法

楼盖开洞口的边长不宜超过3.5m或楼盖边长的1/2，洞口边缘距外墙边不宜小于600mm。

如图5-25所示，洞口周围与搁栅垂直的封头搁栅，当长度小于等于1.2m时，应用两根搁栅；当长度超过1.2m时其尺寸应通过结构计算确定，以确保满足承载要求。洞口周围的封头搁栅以及被开孔切断的搁栅，当依靠楼盖搁栅支撑时，应选用合适的金属搁栅托架或采用正确的钉连接方式。

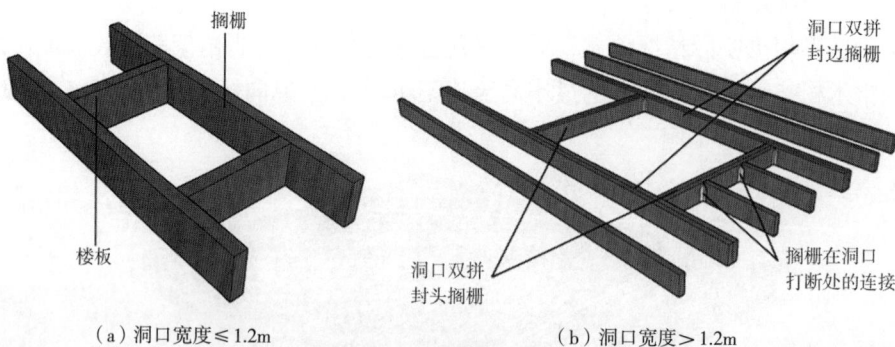

（a）洞口宽度≤1.2m　　　（b）洞口宽度＞1.2m

图 5-25　楼盖洞口示意图

5.2.4.2开孔及缺口限制

楼盖、顶棚搁栅的开孔不得大于搁栅高度的1/4，且离边缘的距离应大于50mm。搁栅上边缘允许开缺口，但缺口深度不得大于搁栅高度的1/3，离支座边缘的距离不得大于1/2，如图5-26所示。

如果搁栅的高度随孔径的增大而增大，则搁栅上边缘的孔径可以增大。同时距支座边缘的距离也可以增大。搁栅底部不得开口。

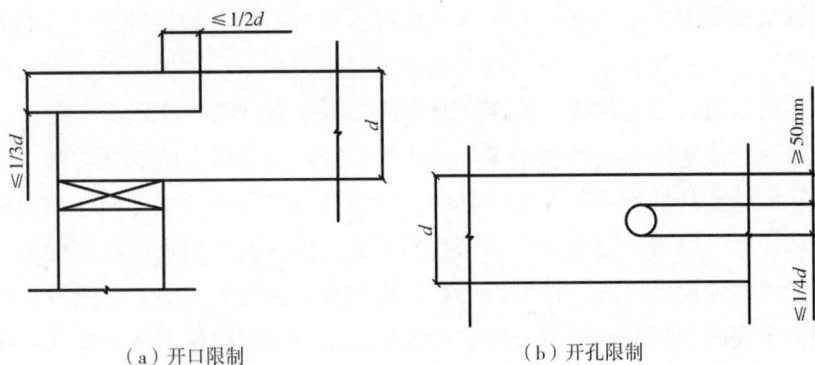

（a）开口限制　　　　　　　　（b）开孔限制

图 5-26　搁栅中的开孔示意图

5.2.5 下沉式楼盖

从美观与实用的角度考虑，住户和设计师更希望地板不止在同一水平面上。木结构可以满足这一要求，只需在做设计时，调整楼盖的结构设计，包括搁栅的高度。如下沉卫生间楼面的设计：为了排水方便，防止卫生间的水溢到其他房间，人们会将卫生间的地面做成下沉式。针对这种情况，较好的楼盖设计方法是在楼盖下层采用连续天花，并且使用较小宽度的搁栅对下沉式楼盖进行支撑（图5-27）。

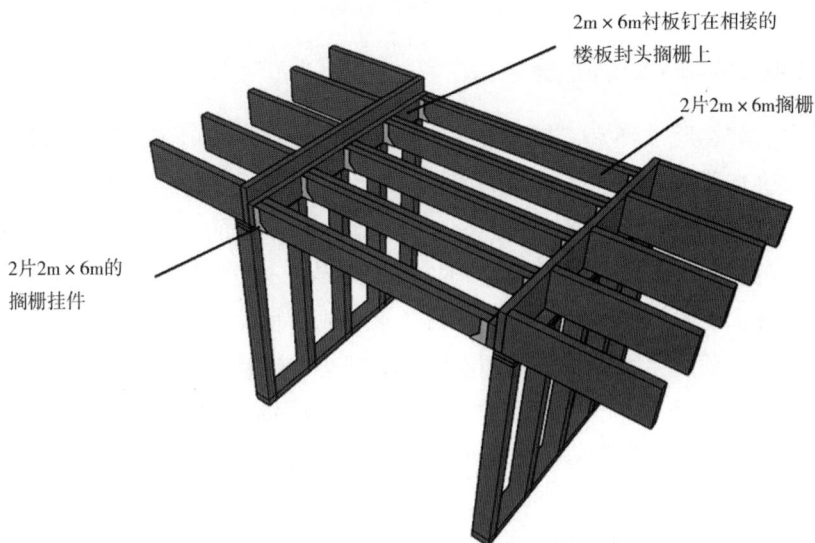

图 5-27　下沉式楼盖示意图

5.3　现代木结构建筑楼地层的细节处理

5.3.1 楼地层的隔声处理

在建筑物中，楼地面的噪声主要来源于两个方面：一是人的说话声、人的走动声、物体掉落或物体拖动等发生的声音；二是木质构件本身可能产生的各种声音，如地板的"咯吱"声。这些声音通过建筑中的空气以及楼盖系统中的地板、搁栅面板、天花板等在上下楼层间传播。可以通过改变声源、传声介质等两方面来进行隔声处理。

（1）通过减轻楼地层系统的振动来降低噪声：减轻楼地层系统的振动可以使声源特性得到改变，从而达到降低噪声的目的。其中，加强楼地层系统的整体刚性和缓冲振动是减轻振动的主要途径。可以通过增加搁栅面板的厚度、板材侧边用企口连接和缩小搁栅木质梁的间距来增强楼地层系统的整体刚性；在搁栅面板与搁栅上表面之间铺设弹性软垫、在天花板与搁栅下表面相接触的地方安装弹性金属垫条等缓冲构件来缓冲振动。在表面木地板和搁栅面板之间选用弹性较好的防水材料，也能起到隔声作用。

（2）使用吸声系数大的材料来降低噪声：吸声系数较大的材料可以改变传声介质的特性以阻断或减弱声音的传播，达到降低噪声的目的，如在搁栅面板和天花板之间的搁栅空间填充吸声系数较大的多孔性材料。

（3）通过在楼板下安装吊顶的方式也可大大增强楼板的隔声性能：厚重的吊顶隔声效果好，一般吊顶重量不低于$25kg/m^2$，如果在吊顶内的空气层填充玻璃棉，则可使吊顶质量减轻；采用实心不透气吊顶，可避免噪声透过吊顶直接透射；吊顶与楼板之间的空气层应有适当厚度，厚度大隔声效果好；吊顶与周围结构间的缝隙应密封，以免漏声；吊顶与楼板间的连接尽量采用弹性连接，且悬吊点数量应尽量少，避免刚性连接，可提高隔声效果。

5.3.2 楼地层的防水防潮处理

在建筑中，如客厅、卧室、起居室、餐厅、书房等空间一般不会直接接触流动水，但是天气的变化会造成室内水蒸气密度的变化，从而造成室内的湿度与温度不同。生活中也可能发生水意外泼洒在表面地板和搁栅面板的缝隙中而下漏的现象。卫生间、厨房等空间可能存在大量的流动水。由于木结构建筑的楼盖大多是木质材料，流动水或水蒸气会严重影响其使用性质。而木材的承载能力和木材含水率成负相关关系，因此，木质搁栅及其面板等木质构件的承载力会因为水分增加而降低，同时发生翘曲等变形，从而影响楼面的平整度；或使木质板材发生平面上的膨胀和收缩，导致面板缝隙处的隆起或缝隙的不断增大；此外，还会促使微生物的滋生，从而导致木材霉变、腐朽等。因此，木结构建筑的楼地面对防水防潮有严格的要求。

（1）对于无流动水房间的楼地层：如卧室、书房、客厅等房间，需要在不与地面接触的楼盖表面（木地板或地毯）与搁栅面板之间铺设一层正向防水材料，以防止水分通过表面木地板或地毯缝隙下漏。为了防止钉连接处、钉眼处漏水，表层木地板或地毯与搁栅面板的连接应采取胶黏连接。此外，应尽量减小木地板间的缝隙，如在木地板边角处涂胶填缝。底层地面的防水，可以利用条形混凝土基础设置楼盖下的通风系统，或者加强作为部分基础的地下室的通风，或在现浇地坪基础上加强防水处理，以防地面下的水分或水汽在楼盖下积聚；同时，在木地板或地毯与搁栅面板之间铺设一层反向防水材料。

（2）对于有流动水房间的楼地层：以卫生间为例，首先，为了保护搁栅面板，需要在搁栅面板上涂刷一层或多层氯丁橡胶沥青类的防水弹性涂料，特别需要注意边角的处理；然后，在其上放置一块干缩率远小于木材的水泥压力板，在提高楼面刚性和强度的同时，为后续水泥等无机材料的铺设提供较易附着的表面；接着，水泥板上用细石混凝土找平后，沿地面和墙面直角处铺设防水层并严格封边处理，再像砖混结构那样铺贴瓷砖、塑料基表面材料。这样可以达到阻断水分向木质材料的渗透以保护木质材料的目的。

5.3.3　楼地层的保温隔热处理

建筑物结构构件中潮气过多或存留时间过长，最终会导致发霉和耐久性较差等问题。保温层一旦受潮，其功能便会失效。可以通过保温材料的多孔构造，在气囊中充满空气或惰性气体，从而减缓热量通过辐射、传导等方式从温度较高一侧向较低一侧的传播速度。用于木结构建筑的保温材料有多种，一般采用几种材料混合使用的方式，以达到最佳保温效果并降低成本。纤维（玻纤或矿棉）保温材料和刚性保温板，是目前最主要的两种保温材料。在轻型木结构建筑中，最常用的保温材料就是纤维类保温材料。这种材料成本低，易于填塞入木结构屋盖、墙体以及楼盖空腔中。纤维类保温材料可以是块状的，也可以用特殊设备喷涂铺设。在进行保温材料铺设前，以下施工应该已经完成：围护结构框架施工、覆面板安装、屋面瓦铺设、门窗安装、电气管线和管道施工，以及其他的相关设备或布线施工。

在空腔中铺设填充保温层时，一方面应保证所有的空腔都充满保温材料，另一方面应避免不必要的挤压。保温材料内的空隙和较大的空腔都会造成空气回流，从而降低保温隔热性能。如果填空腔小于块状保温棉的固有尺寸，可以将保温棉切小再填充。切割所用刀具一般刃长且锋利，切割尺寸应稍大于空腔，以确保充分填满又无须过分挤压。

挤塑式聚苯乙烯（XPS）隔热保温板是一种刚性保温板，木结构建筑上常用。相较于硬质聚氨酯泡沫塑料（EPS）保温板，大部分情况下人们都选用挤塑式聚苯乙烯隔热保温板。挤塑式聚苯乙烯隔热保温板在保温隔热、耐久性、防水性能和隔绝水汽方面，性能均很优异。与纤维类保温材料相比，一般情况下，刚性材料单位厚度热工性能更高，具有一定的结构刚度，成本较高，铺设时需使用胶黏剂或螺丝等紧固件。大部分刚性保温板具有一定的可燃性，即防火性能较差。如果刚性保温板安装于室内，则应以石膏板或其他防火材料覆盖，并按照防火规范的具体要求正确施工。另外，还应使用覆面材料保护保温板免受物理损伤。

5.4　本章小结

  本章详细介绍了现代木结构建筑楼地层设计：首先从基本分类、体系组成和设计要求3个方面进行了整体概述，使得读者对其有初步了解；之后，重点阐述了楼地层基本构造、楼面搁栅和桁架的具体做法以及楼盖开孔设计；然后，进一步描述了木结构楼地层在隔声、防水防潮以及保温隔热3个细节方面的处理方式，以便于读者对木结构建筑楼地层设计产生更为全面且详细的认知。

参考文献

陈松来. 轻型木结构房屋剪力墙和楼屋盖设计[J]. 低温建筑技术, 2008, 1: 69–71.

费本华, 刘雁. 木结构建筑学[M]. 北京: 中国林业出版社, 2011.

高承勇, 倪春, 张家华, 等. 轻型木结构建筑设计[M]. 北京: 中国建筑工业出版社, 2011.

姜涌. 建筑构造: 材料, 构法, 节点[M]. 北京: 中国建筑工业出版社, 2011.

梁艳, 董春雷, 张宏健. 现代轻型木结构建筑楼面和地面装修技术[J]. 西南林业大学学报, 2011, 3: 69–72.

刘宝兰, 敖天骄, 刘一凡, 等. 轻型木结构框架体系的施工要点[J]. 建筑技术开发, 2016, 1: 42–44.

《木结构设计手册》编写委员会. 木结构设计手册[M]. 3版. 北京: 中国建筑工业出版社, 2005.

潘景龙, 祝恩淳. 木结构设计原理[M]. 北京: 中国建筑工业出版社, 2009.

王博. 双向木桁架楼盖承载性能研究[D]. 哈尔滨: 哈尔滨工业大学, 2012.

魏丽萍. 壁式框架木结构建筑室内工程: 墙体、天花板和地板装修[D]. 南京: 南京林业大学, 2007.

徐洪澎, 吴健梅, 李国友. 当代视角下的木建筑解读、思考与创作[M]. 北京: 中国建筑工业出版社, 2014.

中华人民共和国住房和城乡建设部, 国家市场监督管理总局. 木结构通用规范: GB 55005—2021[S]. 北京: 中国建筑工业出版社, 2021.

GAGNON S . CLT In Construction[J]. Wood Design Focus, 2012, 22（2）: 31–38.

6 现代木结构建筑墙体设计

本章导读: 木结构墙体是木结构建筑的重要组成部分,类型丰富,功能多样,结构复杂。尤其是木结构外墙,它包括主体结构、面层、内装修、门窗,以及一系列用来调节墙体与室内环境的隔绝层,构造十分复杂。一般木结构墙体需要根据功能、耐久性、外观以及造价等方面进行综合考虑,进而确定墙体所用材料、结构和细部构造。

6.1 现代木结构建筑墙体概述

6.1.1 墙体的分类

(1)根据现代木结构建筑的结构体系,分为轻型木结构墙体、井干式木结构墙体、梁柱式木结构墙体和木隔墙混凝土结构中的木骨架组合墙4种。

(2)根据墙体的功能和用途,分为外墙、分户墙和房间隔墙。

(3)根据墙体所处的位置,分为外墙和内墙。

(4)根据墙体的受力情况,分为承重墙和非承重墙。

6.1.2 墙体的功能

(1)建筑功能:主要根据建筑设计要求,确定墙体外层采用墙板的材料,确定门、窗尺寸和位置,以及外墙面的装饰材料。

(2)承载功能:除了承受自身的竖向荷载外,还要承受风荷载、地震荷载,外墙体应具有足够的承载能力,以保证墙体的安全。

（3）防火功能：根据防火要求，墙体应具有相应的耐火等级，以防止火灾的蔓延。

（4）隔声功能：为了使每个房间拥有安静的环境，外墙、分户墙和房间隔墙都应有满足规定的隔声能力。

（5）保温隔热功能：应满足不同地区保温隔热的要求。

（6）防潮功能：防止水蒸气侵蚀木材和墙内填充材料。

（7）防风功能：除具有承受风荷载的能力外，墙体外墙面板还应有足够的强度将风荷载传递到木骨架。

（8）防雨功能：防止雨水侵蚀墙面板以及雨水通过各种缝隙进入墙体内部。

（9）密封功能：防止室内、室外的空气通过连接缝隙相互流通，以致影响墙体保温隔热的效能。

6.2　现代木结构建筑墙体的构造及做法

木结构墙体设计及构造要求满足下列条件：用作外墙时，应具有建筑功能、承载功能、保温隔热功能、隔声功能、防火功能、防潮功能、防风功能、防雨功能、密封功能；用作分户墙和房间隔墙时，应具有建筑功能、承载功能、隔声功能、防火功能、防潮功能、密封功能。

6.2.1 轻型木结构墙体的构造及做法

6.2.1.1 墙体构造要求

轻型木结构墙体指由墙骨柱、顶梁板和地梁板、门窗洞口上的过梁以及覆面板组成的墙体系统，墙体框架示意图如图6-1所示。墙体部分支撑在楼盖系统上，包括外墙体和内墙体的垂直和水平构件。按照功能和用途，分为单排木结构墙体和双排木结构墙体。分户墙和房间隔墙主要由墙体框架、墙体材料、密封材料和连接件组成。为实现墙体功能，墙体材料主要由保温材料、隔声材料和防护材料组成。外墙主要由墙体框架、外墙面材料、保温材料、隔声材料、内墙面材料、挡风防潮材料、防护材料、密封材料和连接件组成。墙体框架由墙骨柱、顶梁板、地梁板和过梁组成，墙骨柱间距视其承受的荷载而定。墙体框架用作所有覆盖材料的受钉层，并且同时支

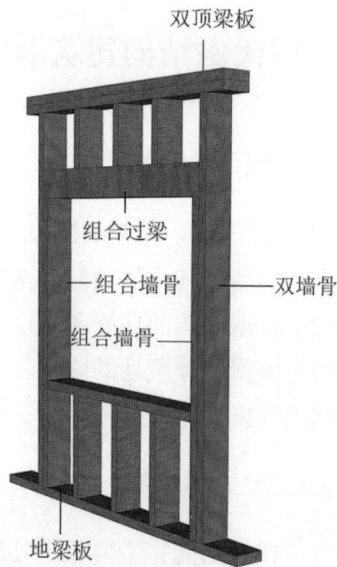

图 6-1　轻型木结构墙体框架示意图

图片来源：参照《轻型木结构住宅建造技术》插图重新绘制

撑上面的楼盖和屋盖，其结构关系如图6-2所示。

构件的尺寸和间距根据其分配和承担的荷载决定。覆面板的选择与其抵抗侧向荷载的能力及其外面的附着物有关。轻型木结构房屋墙体系统的性能与很多因素有关，包括楼盖平面内墙体的设计和布局，墙上的开口，构件的大小、所用材料树种、等级和间距，覆面板的厚度，沿覆面板各构件的紧固程度。

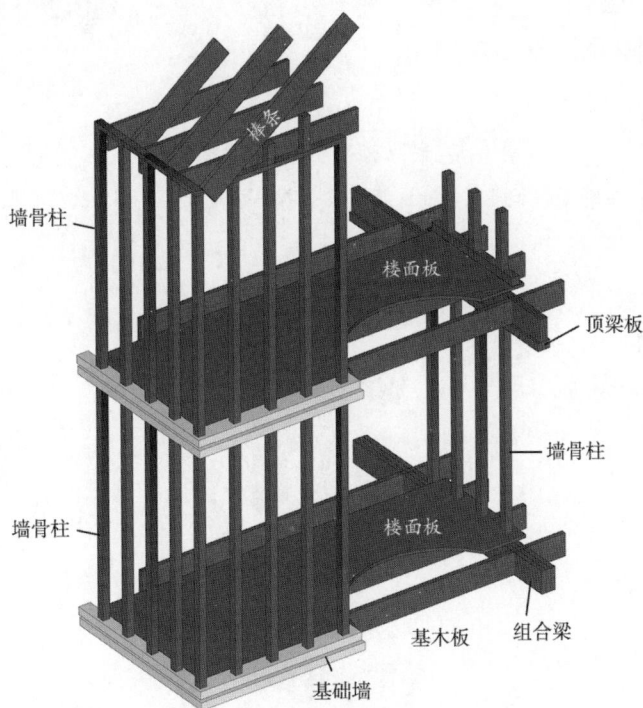

图6-2　轻型木结构框架示意图

图片来源：参照《中国轻型木结构房屋建筑施工指南》插图重新绘制

6.2.1.2 墙体框架

轻型木结构房屋按照《木结构通用规范》（GB 55005—2021）进行设计和建造。承重墙的墙骨柱应采用材质等级 V_c 及以上的规格材；非承重墙的墙骨柱可采用任何等级的规格材。墙骨柱大多为38mm×89mm或38mm×140mm的进口规格材，也有40mm×90mm或40mm×140mm的国产规格材。墙骨柱在层高内应连续，允许采用指接连接，但不得采用连接板连接。墙体内墙骨柱间距通常为300mm、400mm、500mm和600mm，但不可大于600mm。承重墙的墙骨柱截面尺寸应由计算确定。墙骨柱在墙体转角和交接处，转角处的墙骨柱数量不少于2根。外墙角墙骨柱布置图、内墙与外墙墙角墙骨柱布置示意图如图6-3、图6-4所示。开孔宽度大于墙骨柱间距的墙体，开孔两侧的墙骨柱应采用双柱；开孔宽度小于或等于墙骨柱间净距并位于墙骨柱之间的墙体，开孔两侧可用单根墙骨柱。

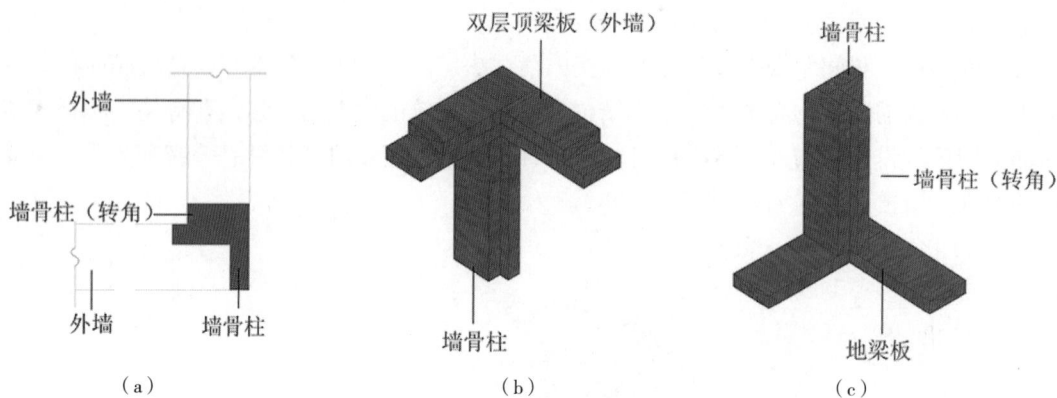

（a）　（b）　（c）

图6-3　轻型木结构外墙角墙骨柱布置

图片来源：参照《国家建筑标准设计图集：木结构建筑》（14J924）插图重新绘制

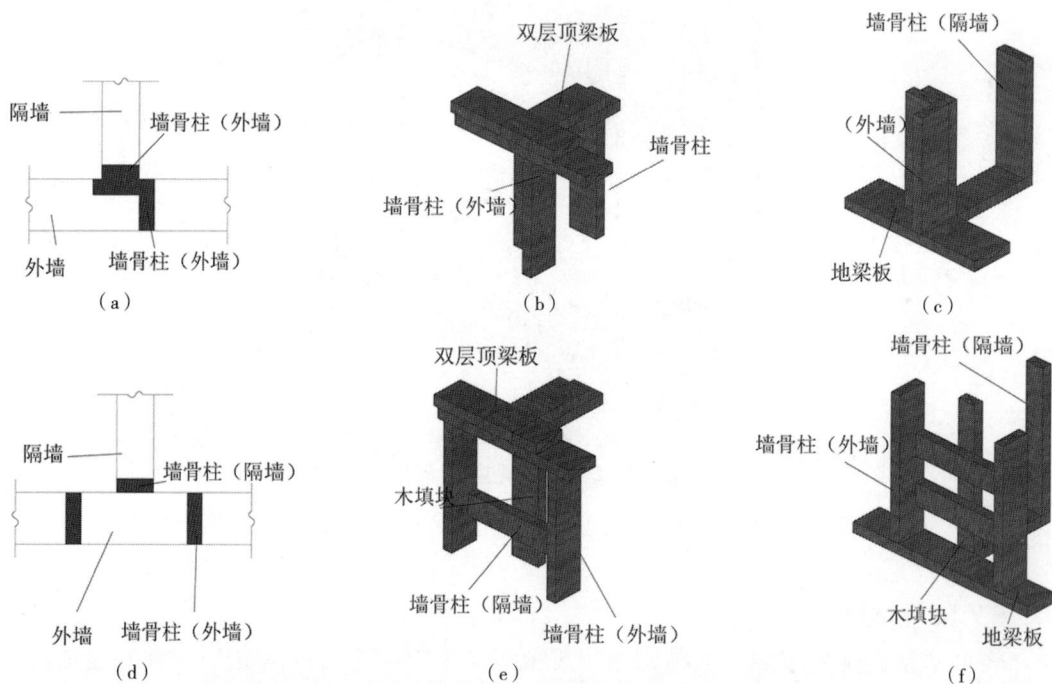

（a）　（b）　（c）

（d）　（e）　（f）

图6-4　轻型木结构内墙与外墙墙角墙骨柱布置示意图

图片来源：参照《国家建筑标准设计图集：木结构建筑》（14J924）插图重新绘制

　　墙体底部应有地梁板，地梁板在支座上突出的尺寸不得大于墙体宽度的1/3，宽度不得小于墙骨柱的截面高度。墙体顶部应有顶梁板，其宽度不得小于墙骨柱截面的高度，承重墙的顶梁板宜不少于2层，但当来自楼盖、屋盖或顶棚的集中荷载与墙骨柱的中心距不大于50mm时，可采用单层顶梁板。非承重墙的顶梁板可为单层。多层顶梁板上、下层的接缝应至少错开一个墙骨柱间距，接缝位置应在墙骨柱上。在墙体转角处和交接处，上、下层顶梁板应交错互相搭接。单层顶梁板的接缝应位于墙骨柱上，并在接缝处顶面采用镀锌薄钢带以钉连接。

当承重墙的开孔宽度大于墙骨柱间距时，应在孔顶加设过梁，过梁设计由计算确定。非承重墙的开孔周围，可用截面高度与墙骨柱截面高度相等的规格材与相邻墙骨柱连接。非承重墙体的门洞，当墙体有耐火极限要求时，应至少用2根截面高度与地梁板宽度相同的规格材加强门洞。

6.2.1.3 墙面板材料

墙面板是用在墙体框架的外部覆盖层，被直接钉固在墙骨柱上。

外墙的外侧墙面板可采用耐水型石膏板、定向刨花板、结构胶合板、防水处理的纤维板、刚性保温材料和锯材制作。外墙的内侧面板和内墙面板通常采用石膏板制作，采用的石膏板平面标准尺寸是1200mm×2400mm。如果采用纸面石膏板，其主要技术性能指标应符合现行标准《纸面石膏板》（GB/T 9775—2008）的要求。如果外墙外侧墙面材料使用纸面石膏板，应选用防潮型纸面石膏板，其厚度不应小于9.5mm。石膏墙板燃烧性能和耐火极限应满足《木结构通用规范》（GB 55005—2021）中防火等级要求。四级耐火等级建筑物的墙面材料的燃烧性能可为B_1级。

当墙面板采用木基结构板材做面板且最大墙骨柱间距为400mm时，板材的最小厚度为9mm；最大墙骨柱间距为600mm时，板材的最小厚度为11mm。墙面板采用石膏板做面板，且最大墙骨柱间距为400mm时，板材的最小厚度为9mm；当最大墙骨柱间距为600mm时，板材的最小厚度为12mm。

6.2.1.4 墙体填充材料

墙体中的填充材料主要作用是保温、隔热、隔声等。这些材料一般采用岩棉、矿棉、玻璃棉和聚苯板等。为了保证墙体内部分布均匀和墙体内空气层厚度均匀，这些材料通常选用刚性、半刚性成型材料，填充在木骨架空腔内。岩棉和矿棉作为墙体的保温隔热材料时，物理性能指标应符合现行国家标准《绝热用岩棉、矿渣棉及其制品》（GB/T 11835—2016）的规定。玻璃棉作为墙体的保温隔热材料时，物理性能指标应符合现行国家标准《绝热用玻璃棉及其制品》（GB/T 13350—2017）的规定。

6.2.1.5 外墙的构造及做法

轻型木结构墙体结构就是由墙骨柱、外侧的墙面板和内填保温层构成的主体结构，在外墙面贴防水透气膜、外挂板等材料。轻型木结构外墙可根据外墙饰面材料，分为挂板饰面外墙、砌砖饰面外墙、抹灰饰面外墙、面砖饰面外墙等。

下面详细介绍挂板饰面外墙的做法。如图6-5～图6-8所示，在铺设好防潮纸的外墙板上，安装钉板条（木隔条），然后在其上钉互搭壁板。互搭壁板一层搭接一层，各层皆与下层的上边缘搭接，搭接部分通常为25mm。相邻两层木板之间的对接应尽可能交错排列。在搭建挂板饰面外墙时，应在墙基处安装一个纱网，以保护其免受虫蛀。还有垂吊披叠板，钉板条水平放置。同一层相邻垂吊披叠板企口相接，上下搭接，上下企口交错排列。

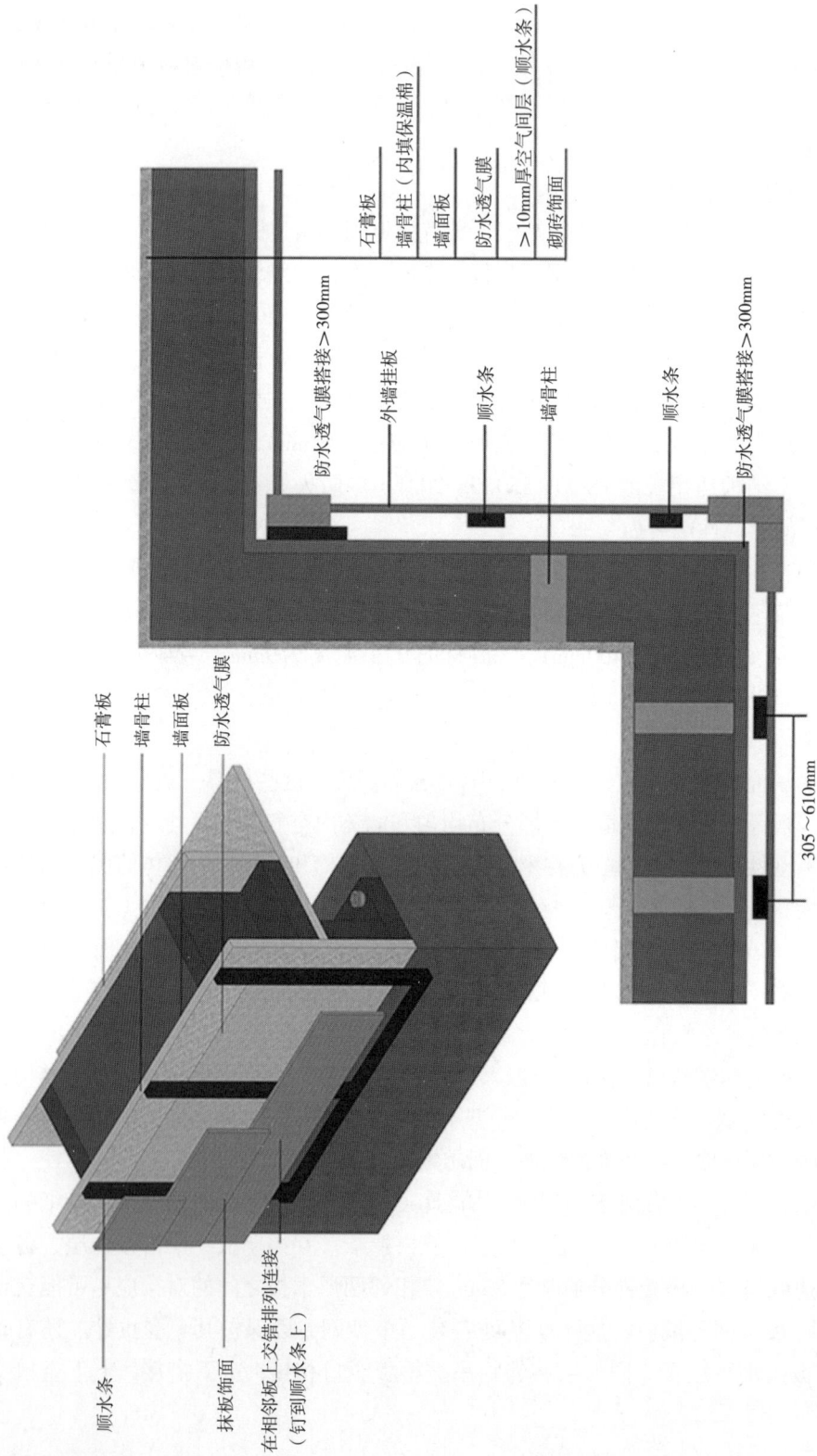

石膏板
墙骨柱
墙面板
防水透气膜
顺水条
在相邻板上交错排列连接
（钉到顺水条上）
抹板饰面

顺水条

石膏板
墙骨柱（内填保温棉）
墙面板
防水透气膜
＞10mm厚空气间层（顺水条）
砌砖饰面

防水透气膜搭接＞300mm
外墙挂板
顺水条
墙骨柱
顺水条
防水透气膜搭接＞300mm

305～610mm

图 6-5 挂板饰面外墙构造示意图

图片来源：参照《国家建筑标准设计图集：木结构建筑》（14J924）插图重新绘制

石膏板
墙骨柱（内填保温棉）
墙面板
防水透气膜
25mm厚空气间层
砌砖饰面

防水透气膜搭接>300mm

墙骨柱
砌砖饰面
砌体紧固件

防水透气膜搭接>300mm

305～610mm

石膏板
墙骨柱
墙面板
防水透气膜

保湿棒
砌体紧固件间距<400mm
每4m一个
砖砌饰面
空气间层

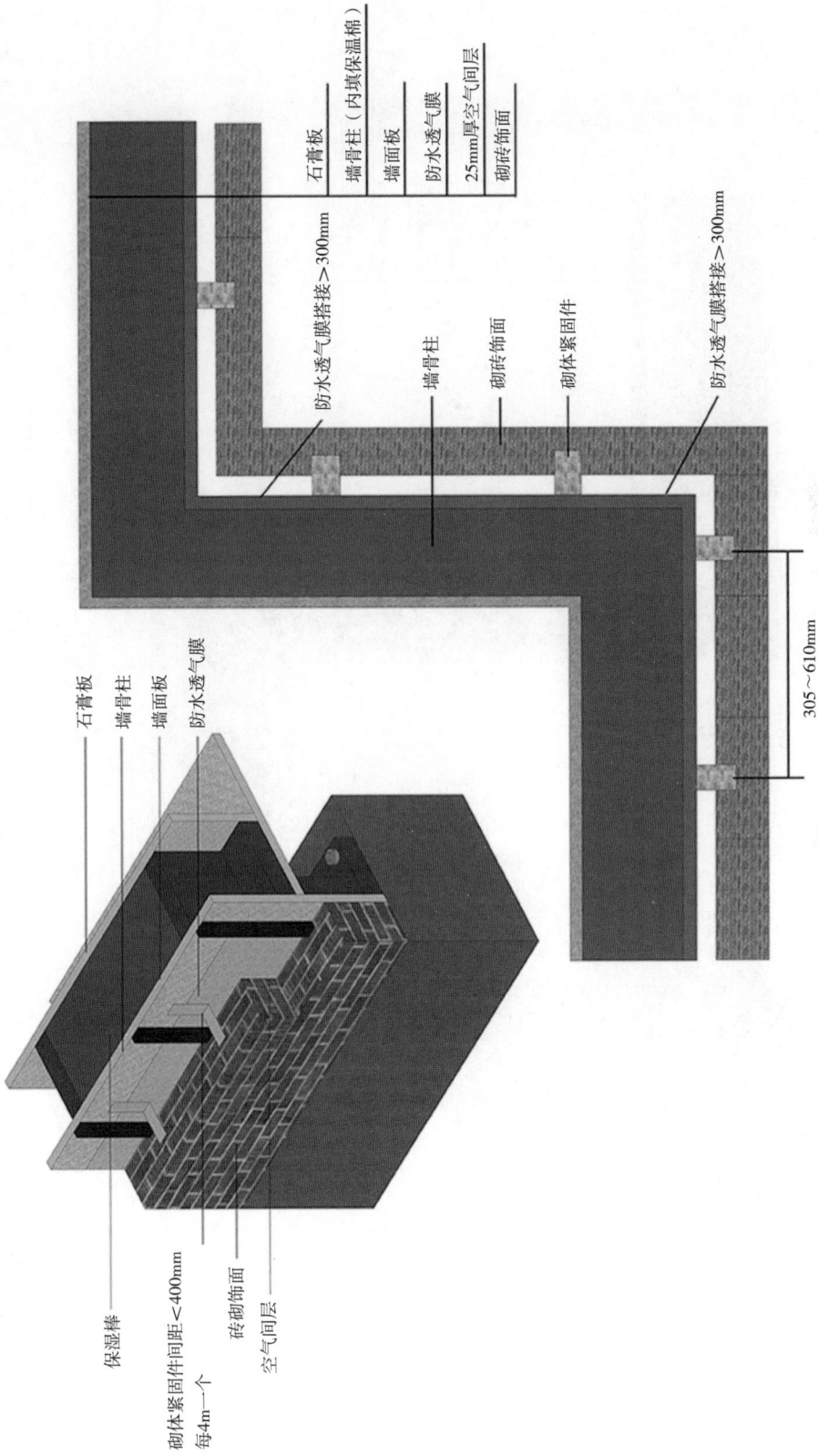

图 6-6 砌砖饰面外墙构造示意图

图片来源：参照《国家建筑标准设计图集：木结构建筑》（14J924）插图重新绘制

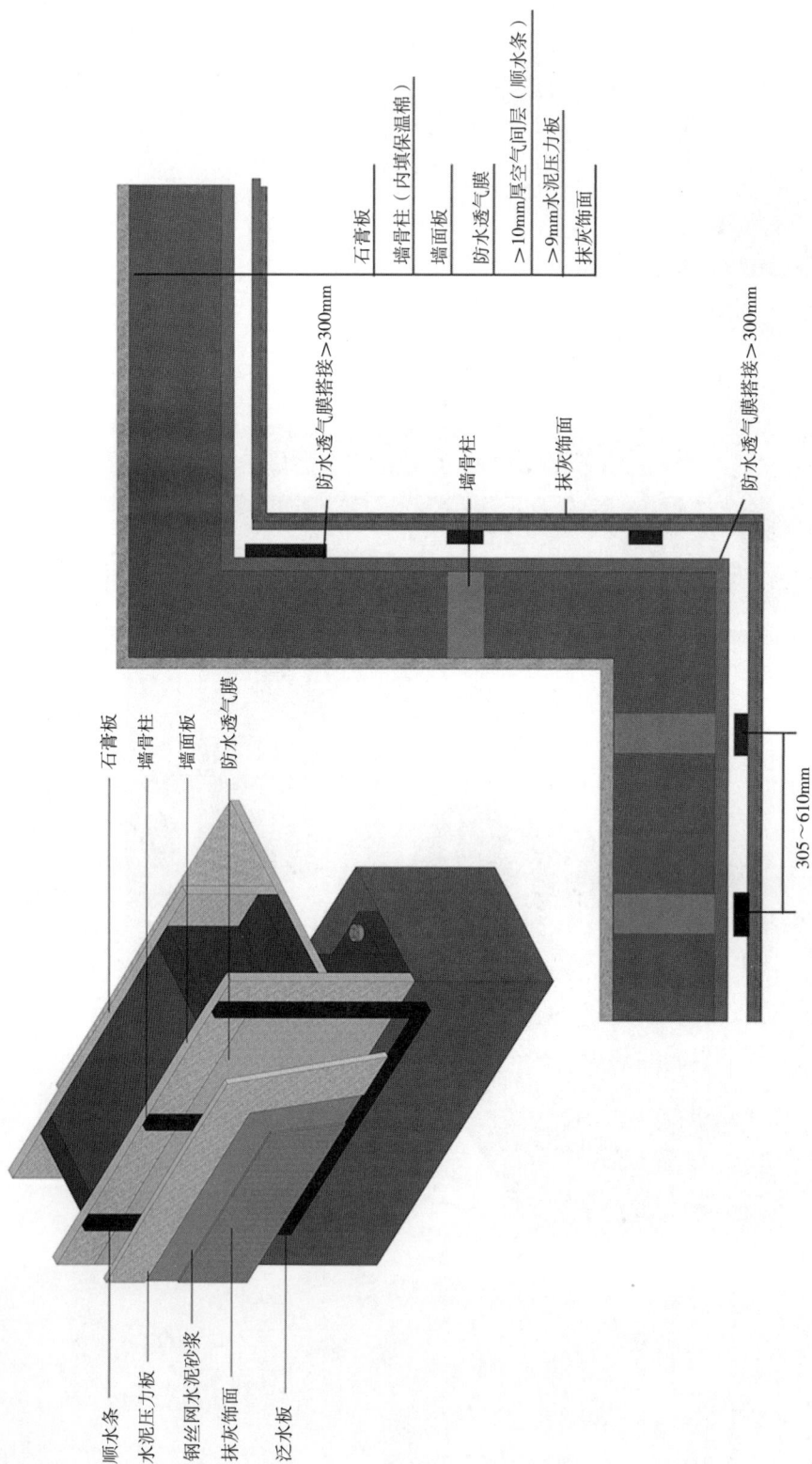

图 6-7 抹灰饰面外墙面构造示意图

图片来源：参照《国家建筑标准设计图集：木结构建筑》（14J924）插图重新绘制

石膏板
墙骨柱（内填保温棉）
墙面板
防水透气膜
>10mm厚空气间层（顺水条）
>9mm水泥压力板
抹灰饰面

防水透气膜搭接>300mm

墙骨柱

抹灰饰面

防水透气膜搭接>300mm

305～610mm

石膏板
墙骨柱
墙面板
防水透气膜

顺水条
水泥压力板
钢丝网水泥砂浆
抹灰饰面
泛水板

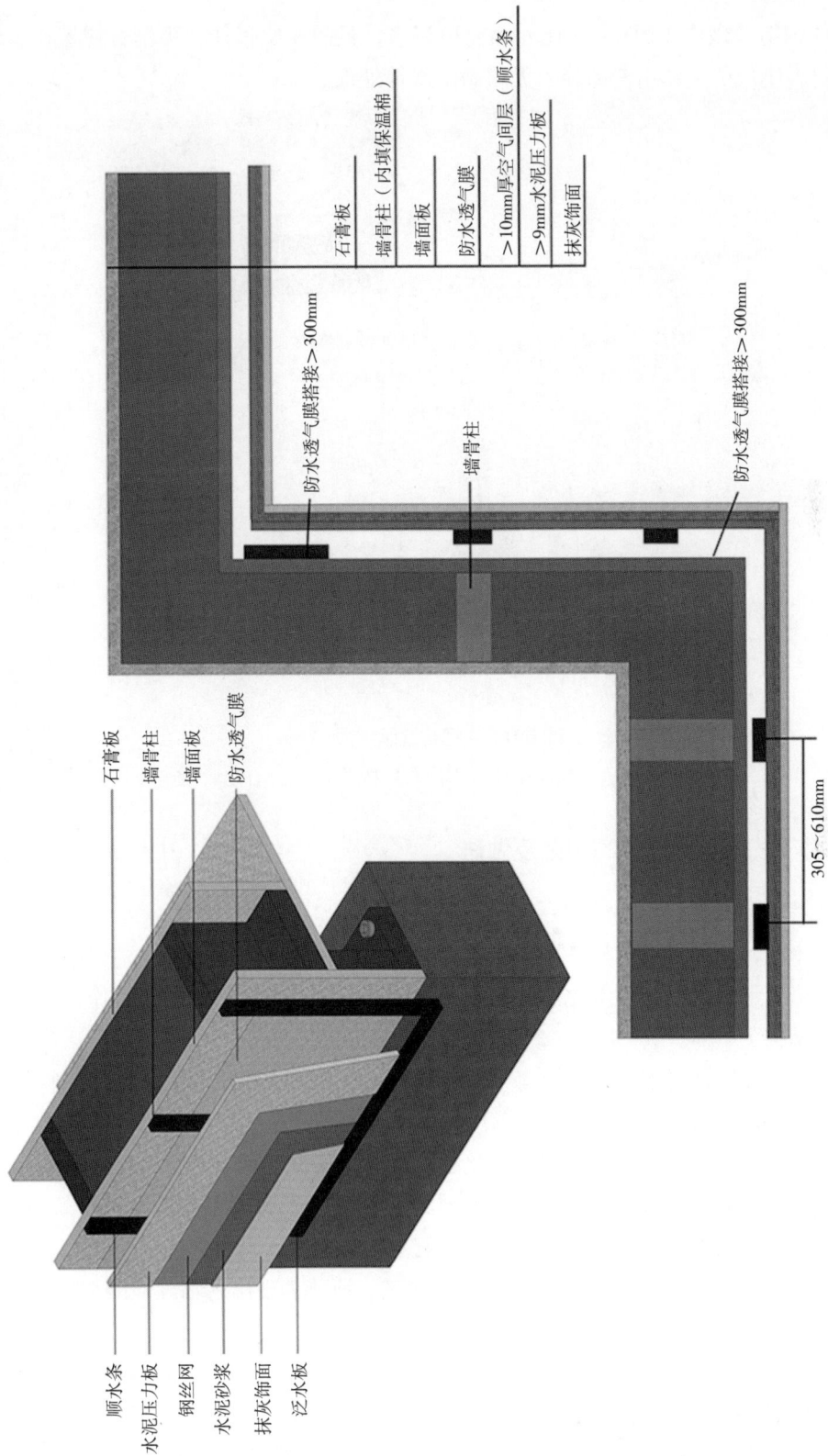

图 6-8 面砖饰面外墙构造示意图

石膏板
墙骨柱（内填保温棉）
墙面板
防水透气膜
>10mm厚空气间层（顺水条）
>9mm水泥压力板
抹灰饰面

防水透气膜搭接>300mm

墙骨柱

防水透气膜搭接>300mm

305~610mm

石膏板
墙骨柱
墙面板
防水透气膜

顺水条
水泥压力板
钢丝网
水泥砂浆
抹灰饰面
泛水板

图片来源：参照《国家建筑标准设计图集：木结构建筑》（14J924）插图重新绘制

6.2.1.6 内墙的构造及做法

内墙的构造及做法（图6-9）比外墙简单许多，只需要墙骨柱、两侧石膏板作为墙面板和保温材料组成的主体结构部分，无须做防水等处理。

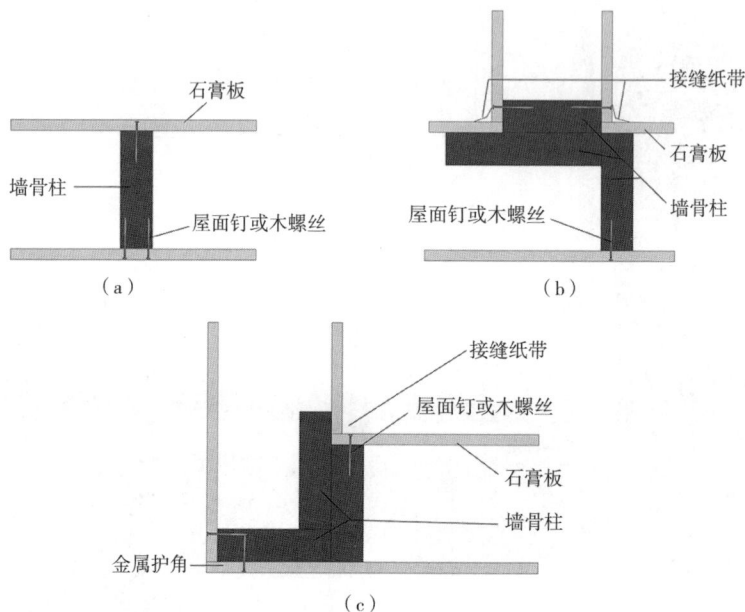

图 6-9　内墙构造示意图

图片来源：参照《国家建筑标准设计图集：木结构建筑》（14J924）插图重新绘制

6.2.2 井干式木结构墙体的构造及做法

6.2.2.1 墙体构造要求

井干式木结构墙体指承重构件采用原木或胶合木制作的单层或多层木结构墙体。原木结构采用规格及形状统一的矩形原木和圆形原木或层压胶合原木构件叠合制作，其集承重体系与围护结构于一体。

井干式木结构墙体对木料的选择有一定的要求。首先，木料需满足木结构材料的强度等级，一般选用针叶树木材，如云杉、落叶松、铁杉等。其次，作为井干式木结构墙体结构材料，原木整根构件以长度大、直径变化小、材料缺陷少为宜。木材处理技术日益现代化，原木在正式切割预制前需要进行一系列处理，如碳化处理可有效提升木材的防腐性，绝大多数的虫类、菌类在碳化的过程中都被杀死。木材碳化后不会发生霉变，含水率也变小，木材的干缩率会小于5%，材料性能会更加稳定，所能表现出的物理性能更好。

6.2.2.2 墙体框架

井干式木结构其主要木构件处理依靠现代工厂加工技术，处理原木木墙单元构件，其上开设的各种槽口都在工厂预制生产阶段完成，精细度很高，常见的典型原木结构件剖面及规格如图6-10所示。原木近端部开凹槽，常用的有马鞍槽口，相邻纵横墙体相交，各层相叠作为承重墙，从而形成木质建筑。墙体材料自重大，各部分的受力比较均匀，上层荷载垂直于墙体构件，各单元构件横纹受压，是木材最不利的受力方式。当上方荷载过大时，中间部分墙体容易崩塌。为了提高墙体的稳定性，墙体单元构件在工厂预制时预留一些按照距离要求分布的圆形孔洞，每隔一段距离在上下相邻构件之间插入钢销以承载墙体拼缝处由水平荷载产生的大部分剪力。墙体转角（图6-11）也是墙体结构的薄弱之处，通常转角处水平交叠的中间位置和向外伸出的两翼插钢螺栓以锚固，交叉点处的螺栓须贯通至与基础锚固。也有把端头做成榫头状，嵌入开槽的立柱以稳固的。

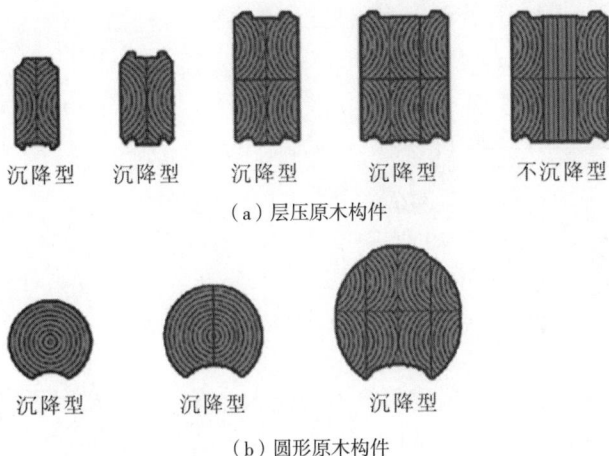

（a）层压原木构件

沉降型　沉降型　沉降型　沉降型　不沉降型

（b）圆形原木构件

沉降型　沉降型　沉降型

图6-10　典型原木结构件剖面及规格示意图

图片来源：《国家建筑标准设计图集：木结构建筑》

（14J924）

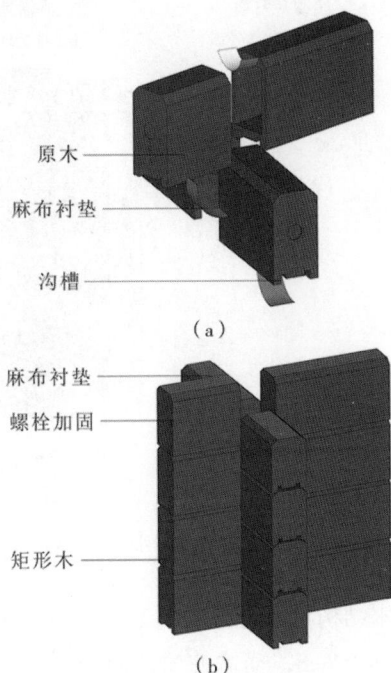

原木

麻布衬垫

沟槽

（a）

麻布衬垫

螺栓加固

矩形木

（b）

图6-11　典型原木结构墙体角接示意图

图片来源：参照《国家建筑标准设计图集：木结构建筑》（14J924）插图重新绘制

6.2.2.3　墙体类型

井干式木结构墙体可具体根据其位置和材料组合情况，分为实体外墙、复合外墙（外保温）、复合外墙（内保温）、框架外墙、内隔墙，如图6-12所示。

6.2.2.4　一般墙体做法

井干式建筑墙体通常采用横木叠置的形式，叠置方式由横木的横截面形状决定。常见的叠置形式包括圆截面弧形叠置、圆截面弧形带榫叠置、方截面单榫叠置和方截面双榫叠置等。每面井干式墙体中同一层的横木应为一根完整的横木，若有接头，则需要进行加固，并将接头放置在不会影响整体结构安全的位置。上下横木之间应设置麻布毡垫或专用橡胶胶条等密封层，或设计密封构造，以防止因收缩不均衡而产生的缝隙。依据《井干式

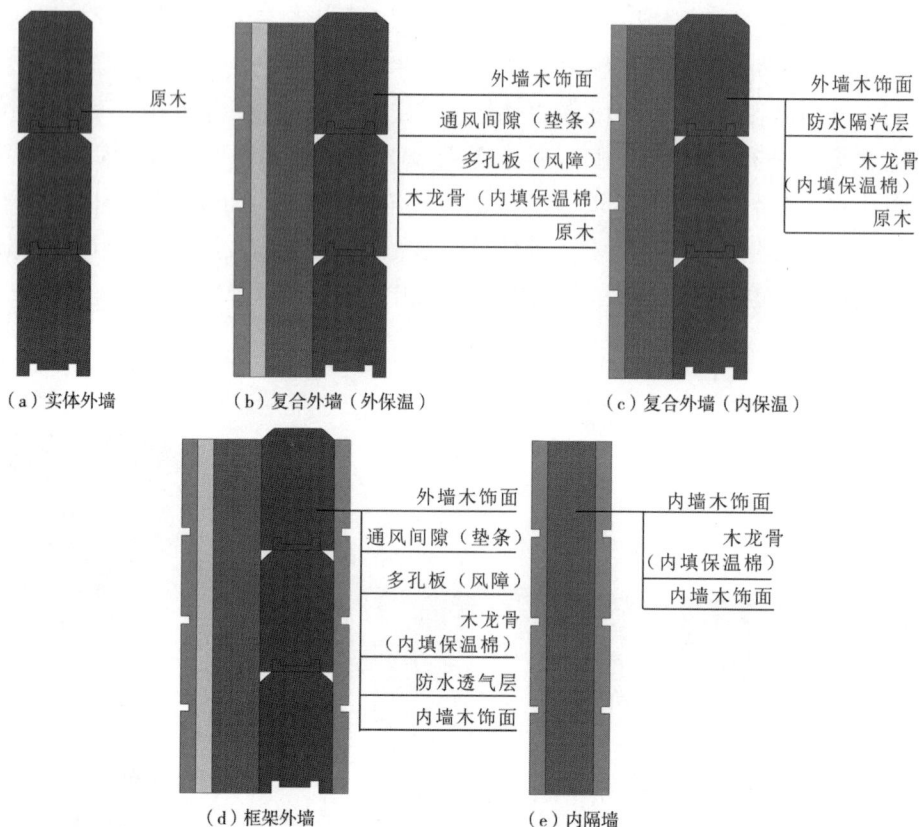

图 6-12　典型原木结构墙体构造示意图

图片来源：参照《国家建筑标准设计图集：木结构建筑》（14J924）插图重新绘制

木结构技术标准》（LY/T 3142—2019）的规定，单层建筑横木与横木叠置的重合宽度不应小于7cm，横木的横截面积不应小于120cm²；两层建筑横木与横木叠置的重合宽度不应小于9cm，横木的横截面积不应小于150cm²。在墙体转角处，横木的端部应突出墙体立面，且突出长度不应小于20cm。如果墙体转角处需要根据设计要求进一步加强，则可以适当降低突出部分的长度。

6.2.2.5 结构墙做法

依据《井干式木结构技术标准》（LY/T 3142—2019）的规定，在抗震设防烈度8度及以上或基本风压0.55kN/m²及以上地区，横向和进深方向每条轴线上的承重墙应全部或部分设置为结构墙。横向或进深方向各轴线的结构墙应均衡配置。结构墙抵抗水平作用的能力可通过在墙体长度方向上安装加强销或通高的拉结螺栓实现。如采用加强销，须确定各结构面所承受的水平作用力，分别计算出所需的加强销的数量，将其配置于各结构面；如采用可调节的贯通螺栓，并与墙体转角的距离不应大于800mm，拉结螺栓间距不应大于2m，直径不应小于12mm。

墙体拐角处自横木端部算起，横向和纵向方向结构墙的宽度宜大于墙体高度的0.3倍。对于窗洞、门洞等开口造成不连续的墙体，每段结构墙的宽度应大于墙体高度的0.3倍。单层井干式建筑物的结构墙高度不应大于4m（自地基之上算起，至与屋顶连接的结构墙中的最高处）；两层井干式建筑物时，两层结构墙的总高度不应大于6m。建筑物各层形成围合空间的四面结构墙中，平行结构墙的中心距宜不大于6m，且围合部分的水平投影面积不宜大于30m²。若中心距及水平投影面积超过规定值时，应根据结构计算确保其结构安全。

6.2.3 梁柱式木结构墙体的构造及做法

梁柱式木结构体系（图6-13）是一种传统的建筑形式，它由跨度较大的梁柱结构作为主要的传力体系，无论纵向荷载还是横向荷载，都由梁柱结构体系承载，并最后传递给基础。由于传力体系具有特殊性，其可以满足建设大跨度建筑的要求，所以梁柱式木结构广泛用于休闲会所、学校、体育馆、图书馆、展览厅、会议厅、餐厅、教堂、火车站和桥梁等建筑。这些公共建筑会依据特定的需求而设计特定的墙体、门窗等围护结构，如机场航站楼有大面积采光需求，其墙体应设计成玻璃幕墙。

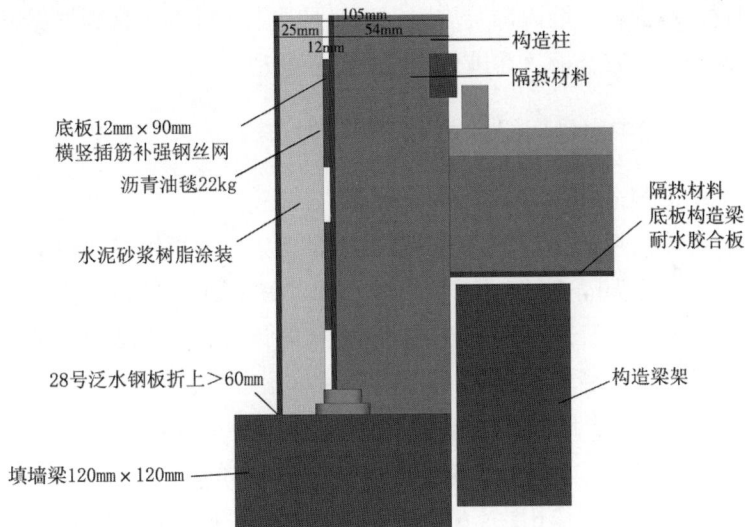

图 6-13　梁柱式木结构墙体构造示意图

6.2.3.1 墙体类型

梁柱式木结构墙体按功能分类，墙体可分为承重墙体和非承重墙体，前者用于支持上部结构的荷载，后者用于空间隔断；按构造形式分类，墙体可分为框架结构墙体和剪力墙体，前者依靠梁柱系统分担荷载，后者则承担抗侧向力的作用；按材料分类，墙体可为纯木结构墙体和木材与其他材料（如砖、石、钢等）的复合结构墙体，后者增强了抗压和抗剪性能；按表面处理分类，墙体可为原木表面墙体和经过涂漆、饰面处理的墙体，前者保持木材的自然质感，后者则通过装饰提升其美观性与防护性。

6.2.3.2 墙体做法

梁柱式木结构墙体的做法从防潮层、墙体龙骨、保温与隔声层以及墙体饰面与装修4个主要部分进行说明。木结构墙体与混凝土基础的防潮层应采用质优、耐腐、透气的地梁膜，地梁板选用CCA防腐木材。对于经过加压处理但局部开孔或切割的CCA木材，需至少涂抹2层适用的木材专用防腐剂，以防止木材因开孔或切割而泄漏防腐剂，影响防腐效果。搁置在基础上或混凝土地基上的木柱柱脚同样须进行防腐处理，典型方法是采用钢板地脚锚固件，以提高木柱的稳定性和耐久性。

梁柱式木结构墙体通常由地梁板、墙骨柱、顶梁板等构件组成。在安装龙骨时，地梁板须水平置于楼盖上，尺寸与其所支撑的墙骨柱尺寸相同；墙骨柱须垂直安装，间距不得超过600mm（±10mm容差），并根据工程计算确定具体尺寸和间距；承重墙的墙骨柱应采用材质等级较高的规格材；顶梁板须水平置于墙骨柱顶部，并与墙骨柱连接，采用双顶梁板时，应将顶梁板钉在一起，墙骨柱末端应钉在顶梁板和地梁板上。在墙体相交和转角部位，墙骨柱应钉在一起。外墙地梁板应钉在楼盖搁栅或填块上，内墙地梁板同样应钉在楼盖搁栅或填块上。墙骨柱之间须填充保温材料以增强墙体的保温性能。外墙须设置刚性或半刚性的保温层，做法是将保温板割成一定尺寸，放置于墙骨柱与墙骨柱、墙骨柱与立柱之间，再用发泡剂填充空隙。内墙体和天花板通常使用石膏板进行装修，有的也使用带有花纹的装饰板材。墙面板和墙内饰层均固定于墙骨柱上，外墙面板则根据设计要求选择适当的材料，如水泥复合胶合板，并进行相应的防潮处理。

6.2.4 混凝土结构中木骨架组合墙的构造及做法

6.2.4.1 墙体构造要求

木骨架组合墙体由规格材制作的木骨架和外部覆盖墙面板组成，在木骨架构件与墙面板之间的空隙内填充保温隔热材料构成非承隔墙。木骨架组合墙体主要由木骨架承受自身竖向荷载和各种水平荷载，通过连接点的连接将荷载传递到主体结构，其主要用作钢筋混凝土结构中的非承重填充墙。

国家标准《木骨架组合墙体技术标准》（GB/T 50361—2018）规定了木骨架组合墙体适用于住宅建筑，办公楼，丁、戊类工业建筑的非承重墙体的设计、施工、验收和维护管理，并规定木骨架组合墙体可用作6层及6层以下住宅建筑和办公楼的非承重外墙和房间隔墙，以及房间面积不超过100m^{2}的7～18层普通住宅和高度为50m以下的办公楼的房间隔墙。

6.2.4.2 墙体分类

木骨架组合墙体的类型按其功能和用途，分为外墙、分户墙和房间隔墙（图6-14）；根据设计要求，分为单排木骨架墙体、木骨架加防声横条墙体和双排木骨架墙体。

分户墙和房间隔墙的构造主要由木骨架、墙面材料、密封材料和连接件组成。为满足设计要求，也可包括保温材料、隔声材料和防护材料。外墙的构造主要由木骨架、外墙面材料、保温材料、隔声材料、内墙材料、外墙面挡风防潮材料、防护材料、密封材料和连接件组成。

木骨架应采用符合设计要求的规格材制作。同一墙体木骨架的边框和立柱应采用截面尺寸相同的规格材。木骨架宜竖立布置，立柱间距 S_0 宜为600mm、400mm或450mm。木骨架构件的布置条件如下：按立柱间距 S_0 的尺寸等分墙体；在等分点上布置立柱，木骨架墙体周边均应设置边框；墙体上有洞口时，当洞口边缘不在等分点上时，应在洞口边缘布置立柱；当洞口宽度 b 大于 1.50m 时，洞口两侧均宜设 2 根立柱（图6-15）。

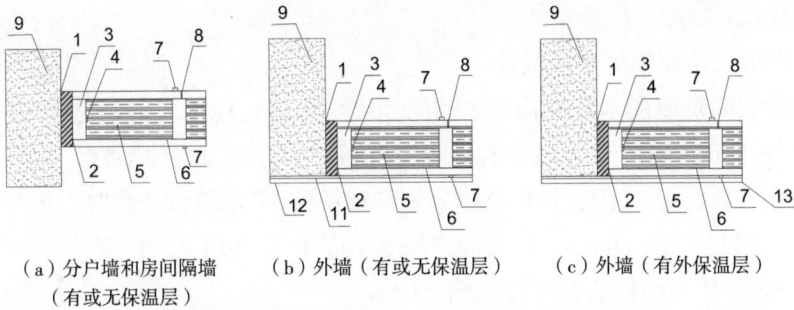

（a）分户墙和房间隔墙　　（b）外墙（有或无保温层）　　（c）外墙（有外保温层）
（有或无保温层）

1—密封胶；2—密封条；3—木骨架；4—连接螺栓；5—保温材料；6—墙面板；7—面板固定螺钉；8—墙面板连接缝及密封材料；9—钢筋混凝土主体结构；10—隔汽层；11—防潮层；12—外墙面保护层及装饰层；13—外保温层。

图 6-14　木骨架组合墙体分类及构造示意图

图片来源：参照《国家建筑标准设计图集：木结构建筑》（14J924）插图重新绘制

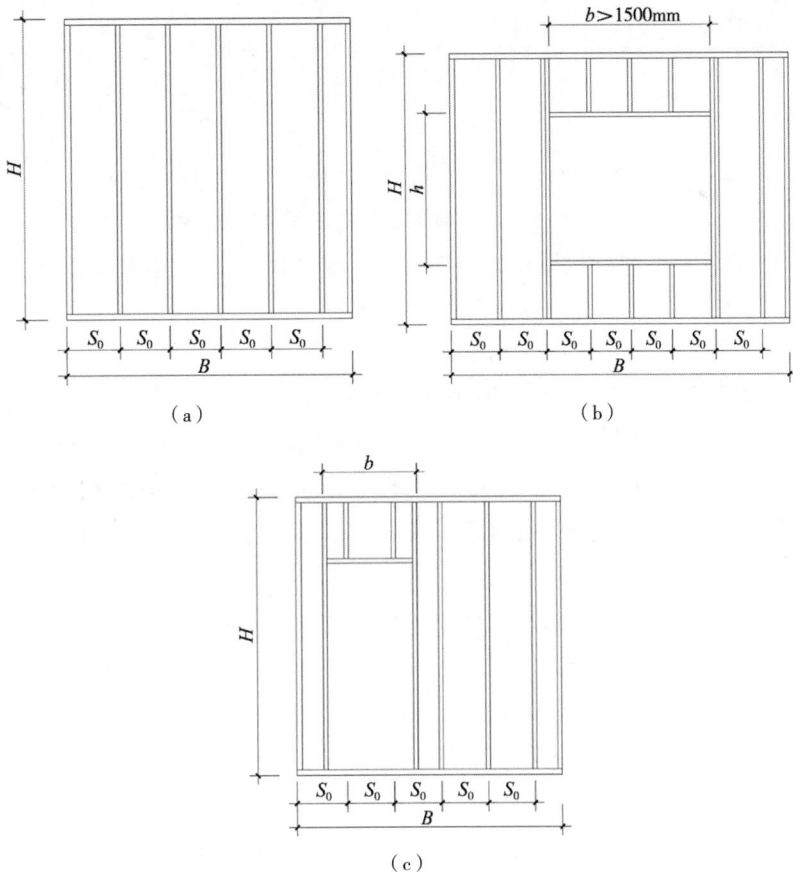

图 6-15　木骨架布置示意图

图片来源：参照《国家建筑标准设计图集：木结构建筑》（14J924）插图重新绘制

6.2.4.3 墙体框架做法

木骨架是木骨架组合墙体的主要受力构件，因此木骨架之间相互连接的承载能力应满足使用要求；木骨架组合墙体与主体结构的连接即木骨架与主体结构的连接，其承载力也应满足使用要求。

（1）分户墙、房间隔墙连接设计

分户墙和房间隔墙的木骨架构件之间的连接采用直钉连接或斜钉连接（图6-16），钉直径不应小于3mm。采用直钉连接时，每个连接节点不应少于2颗钉，钉长大于80mm，钉入构件深度（含钉尖）不应小于12d（d为钉直径）；采用斜钉连接时，每个连接节点不应少于3颗钉，钉长大于80mm，钉入构件深度不应小于12d（d为钉直径），斜钉与钉入深度角度应呈30°，从距构件端1/3钉长位置钉入。

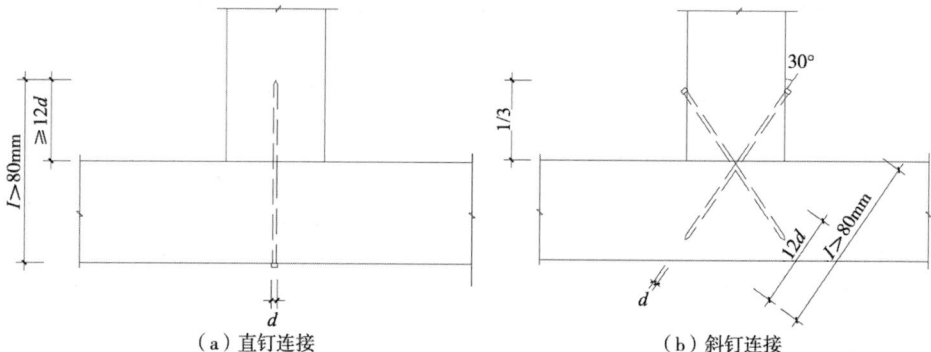

（a）直钉连接　　　（b）斜钉连接

图 6-16　木骨架墙体钉连接示意图

图片来源：参照《国家建筑标准设计图集：木结构建筑》（14J924）插图重新绘制

（2）木骨架组合墙体与主体结构连接

木骨架组合墙体与主体结构可采用膨胀螺栓连接、自钻自攻螺钉连接和销钉连接（图6-17）。分户墙及房间隔墙与主体结构连接采用的连接件直径不小于6mm，连接点间距不大于1.2m，每一连接边不少于4个连接点。采用销钉连接时，应在混凝土构件上预留孔。连接件应布置在木骨架宽度中心的1/3区域内，木骨架上均应预先钻导孔，导孔直径为0.8d（d为销钉直径、连接件直径）。

当房间隔墙尺寸较小时，墙与主体结构的连接可采用射钉连接。射钉直径不应小于3.7mm，钉入主体结构长度不得小于7.5d（d为射钉直径），连接点间距不应大于600mm。射钉与木骨架末端的距离不应小于100mm，并应沿木骨架宽度的中心线布置。

外墙与主体结构的连接应采用膨胀螺栓连接、自攻螺钉连接或销钉连接（图6-18）。连接点的数量和连接件的尺寸应根据连接件承受的内力并按《木结构通用规范》（GB/T 50005—2021）的相关公式计算确定，连接件应布置在木骨架宽度中心的1/3区域内。连接所用螺栓及钉排列的最小间距应符合现行国家标准《木结构通用规范》（GB/T 50005—2021）的相关规定。

（a）自钻自攻螺丝连接

（b）销钉连接

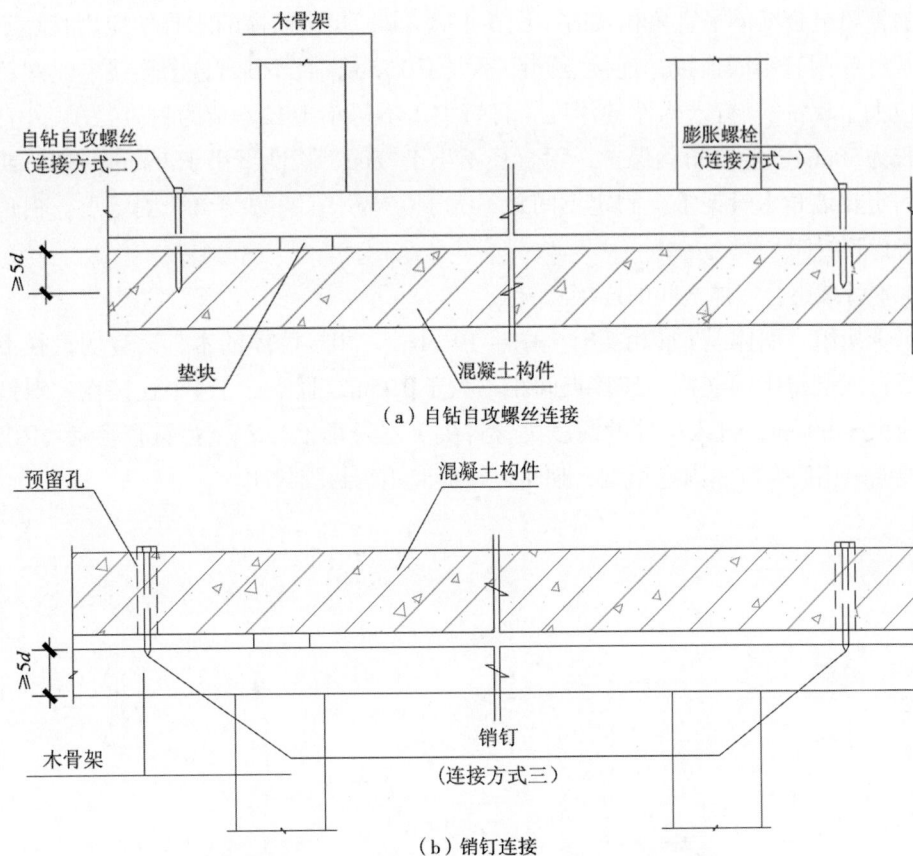

图 6-17 木骨架组合墙体与主体结构连接示意图

图片来源：参照《国家建筑标准设计图集：木结构建筑》（14J924）插图重新绘制

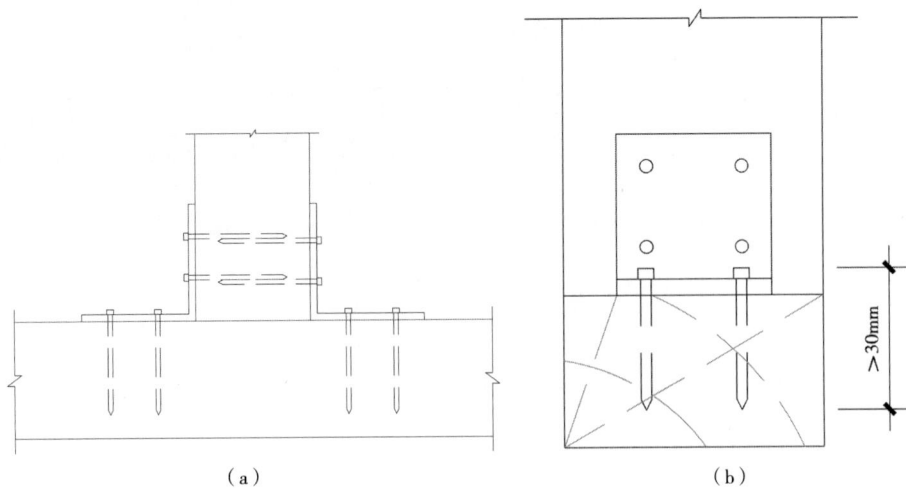

（a）   （b）

图 6-18 木骨架墙与外墙连接示意图

图片来源：参照《国家建筑标准设计图集：木结构建筑》（14J924）插图重新绘制

两木骨架组合墙体呈直角相接时［图6-19（a）］，相接墙体的木骨架应用直径不小于3mm的螺钉或圆钉牢固连接，连接点间距不大于0.75m，且不少于4个连接点。螺钉或圆钉钉长应大于80mm，钉入构件的深度（含钉尖）不得小于12d（d为钉直径）。外直角处应用边长为50mm的等边角钢保护，用直径不小于3mm、长度不小于36mm的螺钉或圆钉将角钢固定在墙角木骨架上，固定点间距不大于0.75m，且不少于4个固定点。拐角连接缝应用密封胶封闭。

（3）木骨架组合墙体之间的连接

两木骨架组合墙体呈T形相接时［图6-19（b）］，相接墙体的木骨架应用直径不小于3mm的螺钉或圆钉牢固连接，连接点间距不大于0.75m，且不少于4个连接点。螺钉或圆钉钉长应大于80mm，钉入构件的深度（含钉尖）不得小于12d（d为钉直径）。相接墙体的木骨架或采用胶合方法固定角钢，拐角连接缝应用密封胶封闭。

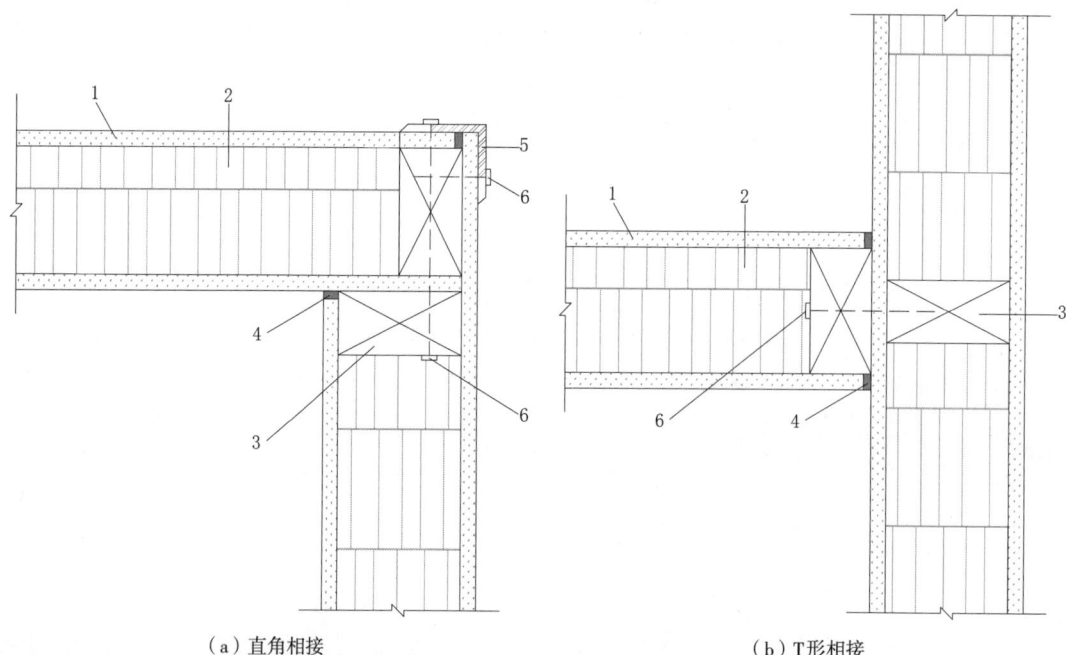

（a）直角相接 （b）T形相接

1—石膏板；2—岩棉；3—木骨架；4—密封胶；5—角钢；6—螺钉。

图6-19 木骨架组合墙体连接示意图

图片来源：参照《国家建筑标准设计图集：木结构建筑》（14J924）插图重新绘制

6.3 现代木结构建筑墙体的防护

建筑物外墙在使用过程中，会受到雨雪和冷凝水的侵袭。木结构墙体在很大程度上不能依靠通风来干燥木材，这就需要墙体本身具有很好的防水和防潮性能。墙体的防水和防潮性能通过墙体表面的防水层来实现。墙体中的冷凝水来自两个方面：一是由于墙体两侧空气压力差引起空气穿越墙体时，空气中的水蒸气遇到表面温度较低的物体产生的冷凝水；二是由于水蒸气的密度差引起的，高密度的水蒸气会向低密度的水蒸气渗透。因为热空气中水蒸气的密度比冷空气中高，所以水蒸气的移动一般是从温度高的一侧向温度低的一侧渗透，当遇到较冷的物体表面，就会形成冷凝水。为了防止这两种原因产生的冷凝水对木结构建筑的影响，除了防水层，墙体上还必须安装隔汽层和防潮层。在寒冷地区，在墙体或其他构件上，防潮层应位于温度较高的一侧，这样可以防止水蒸气到达温度较低的物体表面而形成冷凝水。在炎热而潮湿的地区，可将防潮层放在外墙的外侧。在混合气候地区（即夏季屋内冷、冬季屋内热的地区），可不设防潮层或将防潮层设在具有保温层的外墙墙板之外。

6.3.1 墙体防水层

在引起墙体结构构件受潮的因素中，雨水的渗漏是主要因素。实际工程中，墙体的漏水往往是由外墙防水层和墙面泛水板的不正确安装引起的。外墙防水层是利用不透水的防水材料以及泛水板组成的防水系统，将透过外墙饰面材料的水阻挡在外，从而达到防水目的。防水层可以通过采用外墙墙面饰材、防水材料、等压防水层等方法达到防水的目的。

外墙表面饰材可采用外墙挂板材料，包括各种金属、塑料以及木挂板等。当挂板之间采用防水搭接构造时，结构外墙板表面防水材料可以省略。此时，外墙的防水依靠外墙表面饰材作为防水层。当外墙饰面材料不具有防水性能时，应在结构墙面上安装防水材料。防水层材料可以采用防水沥青油毡。

此外，随着对含水蒸气的空气对墙体侵蚀的进一步研究，隔汽层现已被普遍地应用在轻型木结构外墙防潮层中。随着材料工业的发展，现在具有防水隔汽功能的防水/隔汽层被广泛地应用在建筑领域。

外墙类型的选择取决于墙体暴露于雨水中的程度，分为4种基本类型：表面密封墙、隐蔽式屏障墙、防雨幕墙、等压防雨幕墙。

6.3.1.1 表面密封墙

表面密封墙的设计原理是保证外饰面表面的水密性和气密性，详细结构如图6-20所示。其外饰面的接缝处以及与其他墙体构件的接口处须密封。外饰面表面是唯一的排水通道，没有另外的保护措施。表面密封墙必须很好地施工和维护，才能有效抵御雨水渗透。这种类型的墙体只有在外饰面表面接触雨水的机会较少的情况下才能应用，如建在气候条件干燥地区且有宽大挑檐的房屋之上。

6.3.1.2 隐蔽式屏障墙

隐蔽式屏障墙（图6-21）的作用是排出透过外饰面表面进入墙体的水分。隐蔽式排水墙在外饰面和防水层之间设计排水通道，作为抵御雨水渗透的第二道防线。

不允许雨水通过
表面密封的**外饰面**

风吹来的雨水

主要及唯一的
排水途径

密封剂

滴水槽

外饰面

墙面板
框架
保温层
墙板

外部

内部

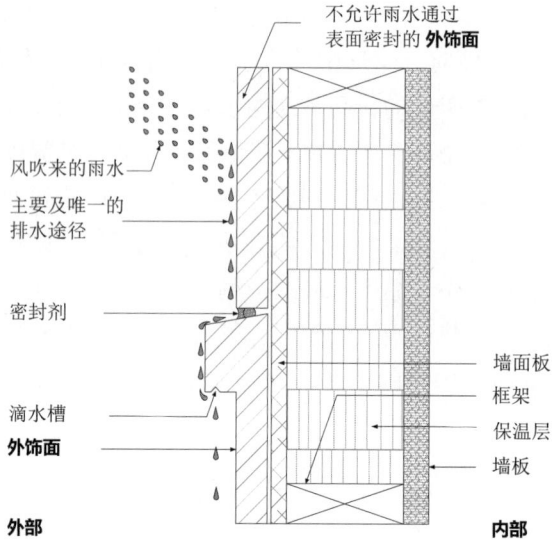

图 6-20　木结构表面密封墙结构示意图

图片来源：参照《中国轻型木结构房屋建筑施工指南》插图重新绘制

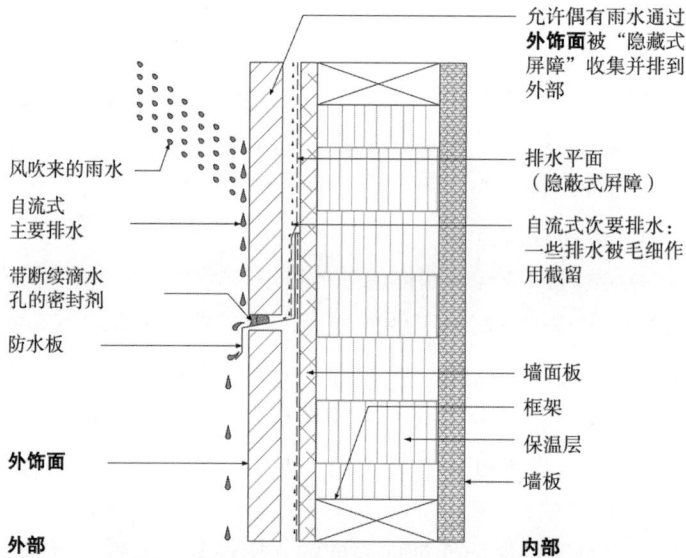

允许偶有雨水通过
外饰面被"隐藏式
屏障"收集并排到
外部

排水平面
（隐蔽式屏障）

风吹来的雨水

自流式
主要排水

带断续滴水
孔的密封剂

防水板

自流式次要排水：
一些排水被毛细作
用截留

墙面板
框架
保温层
墙板

外饰面

外部

内部

图 6-21　木结构隐蔽式屏障墙结构示意图

图片来源：参照《中国轻型木结构房屋建筑施工指南》插图重新绘制

　　以下为隐蔽式屏障墙的一个建造实例：将外饰面（如灰泥涂料、木质外挂板和聚乙烯外挂板）直接安装在连续铺放的用沥青浸渍的油毡防水层上，防水层贴在胶合木覆面板上，墙体接缝处和开口处有泛水板。隐蔽式屏障墙在风雨量小到中等地区应用效果很好，但在风雨量较大的地区应用则不能保证防水效果。其防风雨效果还取决于良好的细部设计和建造商的安装质量。

6.3.1.3 防雨幕墙

防雨幕墙（图6-22）的设计原理是在外饰面和防水层之间设置至少8mm宽的排水空腔，以便进一步排出外墙中的水分。其作用是阻隔毛细作用，将大部分水排出防水层，并有利于通风，使外饰面背面保持干燥。其还可以减少因水蒸气在构件之间的扩散而可能导致的湿气积聚。以下是防雨幕墙的建造实例：砖饰面距墙面板至少1cm，将木质外挂板、聚乙烯外挂板和灰泥砂浆铺设在垂直的钉板条上。在雨水量较大的地区防雨幕墙效果最好。

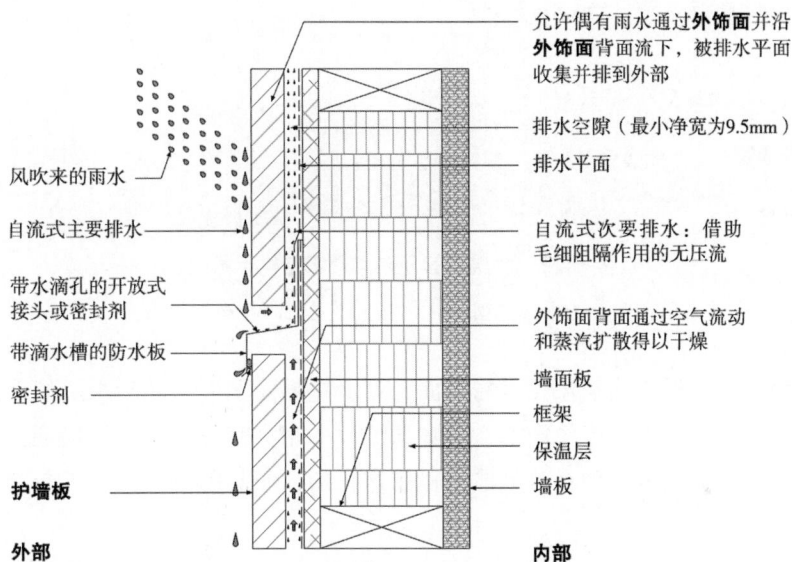

图 6-22　木结构防雨幕墙结构示意图

图片来源：参照《中国轻型木结构房屋建筑施工指南》插图重新绘制

6.3.1.4 等压防雨幕墙

等压防雨幕墙（图6-23）比普通防雨幕墙增加了一个重要特性，即通过对排水空腔分区和增加通风使空腔内外压差相等。当风吹向建筑物表面时，在外饰面上产生的压差可以通过通风及墙内空腔气压的平衡来减小压差。这样就消除了雨水渗透的主要驱动力。等压防雨幕墙要求墙内侧必须密封，气密层能够承受最大风荷载。气密层上有任何一处开口都会使空腔内气压不等。如果空腔内部是连续而未分区的，则空腔内部的侧向气流也会使空腔内气压不等。还有一点非常重要，即转角处的空腔应该封闭以维持迎风面的等压状态，并防止空气被临近墙面抽吸出去。等压防雨幕墙的防外墙渗漏效果最佳。

6.3.2 墙体隔汽层

随着现代建筑对节能的考虑不断增强以及建筑材料的不断发展，建筑物的密封性能有了很大提高。而随着建筑物密封性能的提高，室内外空气之间的压力差就会随着不同的空气作用而增大，这样容易造成空气通过墙体上的空隙进行内外流动。当空气穿越墙体时，

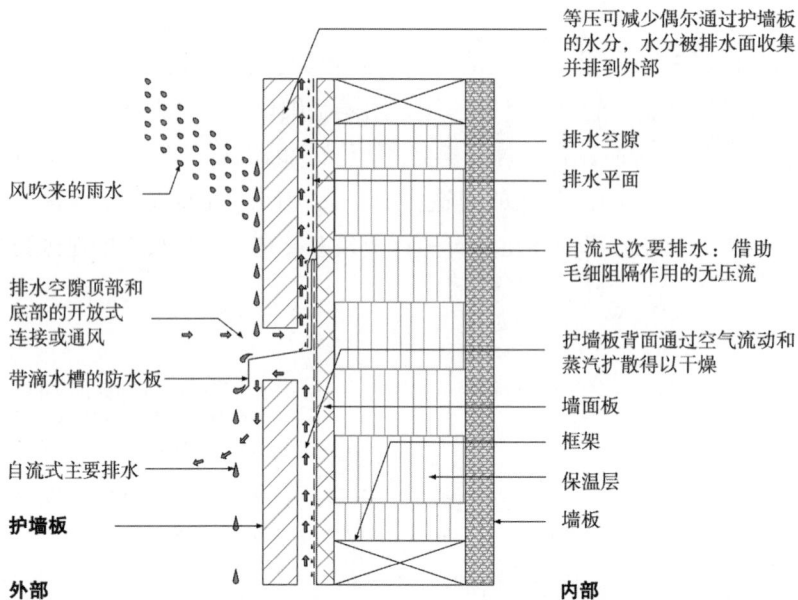

图 6-23　木结构等压防雨幕墙结构示意图

图片来源：参照《中国轻型木结构房屋建筑施工指南》插图重新绘制

空气中的水蒸气遇到低于露点温度[①]的界面，就会在界面上形成冷凝水。如果该界面在墙体内部，冷凝水就会聚集在墙体内部，会危害墙体的耐久性。前面已经提到，水蒸气进出木结构墙体是通过空气传递和水蒸气渗透作用进行的，而其中98%是由于空气传递作用进行的。

为防止含水蒸气的空气进入墙体，木结构建筑墙体构造上往往采用隔汽层。作为隔汽层，必须达到以下4个要求：

（1）能有效地隔绝空气在墙体两侧流动。

（2）在建筑物围护结构中必须连续，中间不能断开或有缝隙。

（3）本身应有一定的强度，在建筑物施工以及使用中，能抵抗外部荷载（主要是风荷载）的作用。

（4）能保证在相关标准、规范规定的建筑物使用期内的耐久性。

6.3.3 墙体防潮层

除了通过空气的传递，水蒸气对木结构墙体造成危害的第二种方式就是通过渗透。这是因为空气中的水蒸气会产生水蒸气分压力，相对湿度也可表示成空气中水蒸气分压力和同温度水蒸气饱和压力的比值。如果不同材料两侧的水蒸气分压力不同，那么压力高的空气会通过材料上的开孔、裂缝等向压力较低一侧流动，或向材料内渗透。与空气传递的水

---

①露点温度是指空气在水汽含量和气压都不改变的条件下，冷却到饱和时的温度；形象地说，就是空气中的水蒸气变为露珠时的温度。

蒸气相比，这部分水蒸气的含量相对较少。但是水蒸气聚积在墙体内如得不到及时干燥，也会引起结构构件的破坏。

水蒸气产生冷凝水是由于水蒸气从温度高的一侧向温度低的一侧运动时，遇到温度较低的表面而造成的。所以，防潮层应安装在保温层温度较高的一侧，如果防潮层安装在温度较低的一侧，则水蒸气就会进入墙体形成冷凝水。当冷凝水的量超过了木构件本身能吸收的量，就会使木材腐朽。因为防潮层的不同安装位置会影响防潮效果，所以应根据当地的具体情况来决定防潮层的安装位置。一般的经验是：全年冬季以采暖为主的寒冷地区，防潮层应安装在冬季采暖的一侧；全年以干热性气候为主的地区，可不安装防潮层；全年以湿热气候为主并且主要采用空调制冷的地区，应将防潮层安装在外侧温度高的一侧；四季分明、冬天需要采暖、夏季需要制冷的地区，可省去防潮层的安装。

6.3.4 墙体防火、防霉及防虫

现代木结构建筑墙体在防火、防霉、防虫方面采取了多种综合防护措施。防火方面，通过在木材表面涂覆防火涂料、避免与易燃材料相邻、安装火灾报警系统等手段提高防火性能。防霉方面，严格控制木材含水率在20%以下，设置防潮层防止地下水渗透，加强通风与排水设计，减少水分滞留。防虫方面，选择防虫处理木材或天然防虫木材，施用化学防虫剂，定期检查隐蔽部位，采用物理防虫措施，如防虫网和金属管道保护木材。这些措施有效提升了木结构墙体的耐久性和安全性。

6.4　本章小结

木结构墙体分为轻型木结构墙体、井干式木结构墙体、梁柱式木结构墙体和混凝土结构中木骨架组合墙4类。木结构墙体的作用可以概括为承重、围护、分隔。在墙体承重的结构中，墙体承担其顶部的楼板或屋顶传递的荷载、墙体的自重、风荷载、地震荷载等，并将它们传给墙下部的基础。墙体可以抵御自然界的风、雨、雪的侵袭，防止太阳辐射、噪声干扰及室内热量的散失，起到保温、隔热、隔声、防水等作用。同时，墙体还将建筑物室内空间与室外空间分隔开来，并将建筑物内部划分为若干个房间或若干个使用空间。

参考文献

北京土木建筑学会. 木结构工程施工操作手册[M]. 北京: 经济科学出版社, 2004.

费本华, 刘雁. 木结构建筑学[M]. 北京: 中国林业出版社, 2011.

《木结构设计手册》编写委员会. 木结构设计手册[M]. 3版. 北京: 中国建筑工业出版社, 2015.

聂圣哲. 美制木结构住宅导论[M]. 北京: 科学出版社, 2011.

潘景龙, 祝恩淳. 木结构设计原理[M]. 北京: 中国建筑工业出版社, 2009.

中国建筑标准设计研究院. 国家建筑标准设计图集: 木结构建筑: 14J924[M]. 北京: 中国计划出版社, 2015.

中华人民共和国住房和城乡建设部, 国家市场监督管理总局. 木骨架组合墙体技术标准: GB/T 50361—2018[S]. 北京: 中国建筑工业出版社, 2018.

中华人民共和国住房和城乡建设部, 国家市场监督管理总局. 木结构通用规范: GB 55005—2021[S]. 北京: 中国建筑工业出版社, 2021.

中华人民共和国住房和城乡建设部, 中华人民共和国国家质量监督检验检疫总局. 木结构工程施工规范: GB/T 50772—2012[S]. 北京: 中国建筑工业出版社, 2012.

中华人民共和国住房和城乡建设部. 轻型木桁架技术规范: JGJ/T 265—2012[S]. 北京: 中国建筑工业出版社, 2012.

7 现代木结构建筑屋顶设计

本章导读： 本章内容主要为现代木结构建筑的屋顶设计，首先对木结构建筑屋顶进行概述，然后重点阐明木结构建筑屋顶的结构类型、节点构造连接和其他组成部分，最后介绍木结构建筑屋顶的排水设计与防护设计。

7.1 现代木结构建筑屋顶概述

屋顶是建筑的重要组成部分，主要起围护作用，用以抵御自然界的风霜雪雨、太阳辐射、气温变化，以及其他外界不利因素对内部空间使用的影响。屋顶的形式也是建筑形象的重要部分。现代木结构建筑的屋顶设计应满足坚固耐久、防水排水、保温隔热、造型美观、抵御外界侵蚀的要求，还应具有自重轻、构造简单、施工方便及经济等优点。

7.1.1 屋顶的作用

屋顶的主要作用首先是承受本身的自重、风雪荷载及检修屋面时的各种荷载，还对房屋上部起着水平支撑的作用。同时，屋顶能抵御风霜雨雪、阴暗寒冷对建筑空间的不利影响。此外，屋顶的形式在很大程度上影响到建筑物的整体造型。综上所述，屋顶的主要作用有3个方面：承重、围护、美观。

7.1.2 屋顶的设计要求

7.1.2.1 强度和刚度要求

屋顶既是建筑的围护结构，又是承重结构，所以要求其首先要有足够的强度，以承受作用于其上的各种荷载的作用；其次要有足够的刚度，防止过大的变形导致屋面防水层开裂而渗水。

7.1.2.2 防水排水要求

屋顶的防水排水是屋顶构造设计应满足的基本要求。在屋顶的构造设计中，主要依靠"防"和"排"的共同作用来满足防水要求："防"即用不透水的材料相互搭接而铺满整个屋面，形成一个水无法通过的覆盖层，防止水的渗透；"排"即利用屋面适宜的坡度，使得降于屋面的水能顺势很快地撤离屋面。无论是平屋面还是坡屋面，都是利用"防"与"排"之间相互依赖又相互补充的关系，来作为屋面防水排水构造的设计原理。

7.1.2.3 保温隔热要求

屋顶作为建筑物最上层的外围护结构，应具有良好的保温隔热性能。在严寒和寒冷地区，屋顶构造设计应主要满足冬季保温的要求，尽量减少室内热量的散失；在温暖和炎热地区，屋顶构造设计应主要满足夏季隔热的要求，避免室外高温及强烈的太阳辐射对室内生活和工作的不利影响。随着地球大气温度逐渐变暖，我国有许多地区已过渡为冬冷夏热地区，因此屋顶构造应同时兼顾冬季保温和夏季隔热的双重要求。

7.1.2.4 美观要求

屋顶的外形直接影响建筑物的整体造型，所以它的形式及细部处理都应该仔细推敲。在中国古代建筑中，不同建筑物的造型特征就主要体现在变化多样的屋顶外形和装修精美的屋顶细部构造上。在建筑技术日新月异的今日，如何应用新型的建筑结构和种类繁多的建筑材料来处理好屋顶的形式和细部，提高建筑物的整体美观效果，是建筑设计中不容忽视的问题。

7.1.2.5 其他要求

社会的进步和科技的发展，对屋顶提出了更高的要求。例如：为改善生态环境，要求利用屋顶开辟园林绿化空间；有幕墙的建筑，要求在屋顶设置擦窗机轨道；部分节能型建筑，需利用屋顶安装太阳能集热器；等等。

7.1.3 屋顶的形式

从古至今，木结构建筑屋顶的形式都是复杂多变的。当现代主义传入中国，新材料、新技术得到广泛应用，屋顶产生了更为丰富的形式，其中包括平屋顶、单坡屋顶、人字屋顶、四坡屋顶、双层斜坡屋顶、复斜屋顶等（图7-1）。

7.1.3.1 平屋顶

平屋顶是指屋顶形式为平面或屋顶坡度为2%～5%的屋顶。在平屋顶的设计中，每一层的连续性和结构性设计都非常重要，包括结构层、斜坡层、隔离层、防水层、隔热层、保护层和磨光层。由于平屋顶外形过于简单以及排水不便利，因此其在木结构建筑中应用并不是太多。

7.1.3.2 单坡屋顶

单坡屋顶也称棚屋顶，严格意义上讲它不能称为坡顶，而是可以被看作平顶的一种特

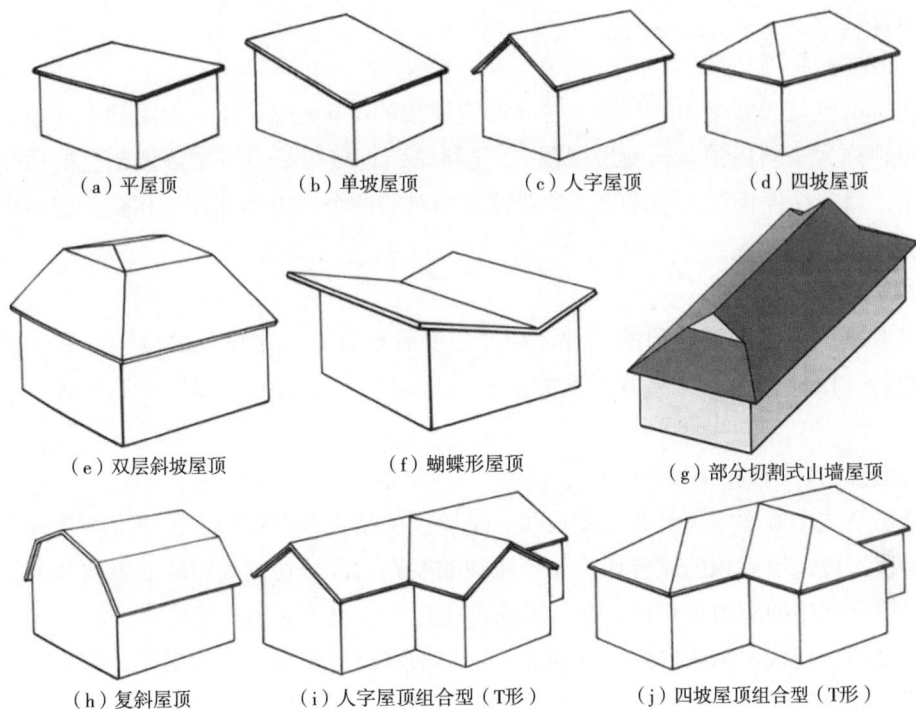

图 7-1   屋顶的形式

图片来源：《建筑构造》

殊形式。单坡屋顶在当代建筑中不常单独出现，而是作为已有结构的增加物。当它作为附件的时候，单坡屋顶会连接于现有结构或屋顶的边缘部位。

7.1.3.3 人字屋顶

人字屋顶是最常见的屋顶形式，两个屋顶坡面于顶部或屋脊处相交，形成一个"人"字形。人字屋顶的两面坡度都在15%以上，即普通意义上的坡屋顶。有些时候，人字屋顶上还带有天窗、老虎窗等辅助结构，为有2层建筑的建筑空间提供了更丰富的采光和通风。

7.1.3.4 四坡屋顶

四坡屋顶是从屋脊处同时向四面倾斜所形成的，这样就拥有了4个坡面，两两对称。这种倾斜方式保证了屋顶能够平均覆盖整个建筑。四坡屋顶轮廓有着美妙的线条，屋顶结构也不是很复杂，屋檐上部没有任何附加物，减轻了自重和负载。这些都使得四坡屋顶成为当下最为流行的屋顶样式。

7.1.3.5 双层斜坡屋顶

双层斜坡屋顶是四坡屋顶的一个变形，是由一个四坡屋顶和一个平屋顶，或两个四坡屋顶堆叠而成。它同样在四边都有陡峭的倾斜坡度，但是这4个坡面并没有像四坡屋顶一样相交于中心屋脊处，而是到了中途停止形成了各自独立的边，并继续往上形成第二个斜坡。第二个斜坡同第一层相比，几乎接近平屋顶，这一层斜坡同四坡屋顶一样相交于屋盖顶部的屋脊处。

7.1.3.6 复斜屋顶

复斜屋顶也是四坡屋顶的一种。普通四坡屋顶的4条屋边等长，如果其中两条边短于另两条边则称为复斜屋顶（马蹄形屋顶）。复斜屋顶直接与最后一层墙体相连的两个坡面比较陡峭，到中途停止往上形成第二个斜坡，相对的两个斜坡继续往上相交于建筑中心的屋脊处。

7.1.3.7 蝴蝶形屋顶

蝴蝶形屋顶属于两坡屋顶的一种，从外形上看正好是人字屋顶的倒转，形态类似于蝴蝶的翅膀，由此得名。此类型屋顶的排水设计需要考虑周全，其在日常生活中不是很常见。

7.1.3.8 部分切割式山墙面屋顶

部分切割式山墙面屋顶是四坡屋顶和人字屋顶的结合，即在四坡屋顶上堆叠一个小型的人字屋顶，以人字屋顶的屋脊作为整个屋顶的屋脊。部分切割式山墙面屋顶与中国古建筑传统屋顶形式中的歇山顶相似，在我国通常还是用歇山顶这个传统称谓。

除此之外，现代木结构建筑屋顶的形式还包括锯齿形屋顶、亭式屋顶、筒式屋顶、多面坡屋顶、曲面屋顶和其他组合式屋顶（L形、T形、U形、"十"字形）等。

7.2 现代木结构建筑屋顶的结构类型

现代木结构建筑屋顶木构架技术与传统木屋架相比，结构稳定性、合理性更强。通过改进木屋架材料的性能，木屋架结构体系不断发展，适应于各种建筑类型的屋盖。结构形式也随着技术发展不断创新，衍生出多种多样的适用于中小型建筑屋顶的木构架结构样式。

7.2.1 梁式结构

7.2.1.1 梁式结构概述

从古代传统的屋架形式到现代木建筑屋架形式，梁式结构屋架经历了一系列的变化与发展，成为最基本的木屋架结构形式（图7-2）。梁式屋架结构是指一系列相互平行的梁将上部的屋面荷载传递给稍大的梁或承重墙，分为主次梁式屋架和井格梁式屋架。我国古代抬梁式屋架就是梁式结构屋架，由于当时生产力水平和木材加工技术水平低，所以梁采用的是原木和锯材，建筑在跨度上受到较大的限制。现代木结构建筑采用人工复合材料（胶合木）作为承重梁的主要用材，加强了木结构屋顶体系的稳定性。同时，还针对梁的受力分布，发展使用了工字梁产品。工字梁是把实木锯材或单板层积材的翼缘胶合于胶合板或定向刨花板梁腹，制造出的尺寸稳定、质量轻、工程特性稳定的组件。经过预制的工字梁材料强度、硬度与重量达到统一，实现了大跨度屋架结构。

7.2.1.2 梁式结构案例

位于印度的Jetavan社区中心屋顶结构以蝴蝶状为特色，利用从拆船厂回收的木材制成的木梁支撑起来，并使用从当地采购的瓦片作为屋面（图7-3）。

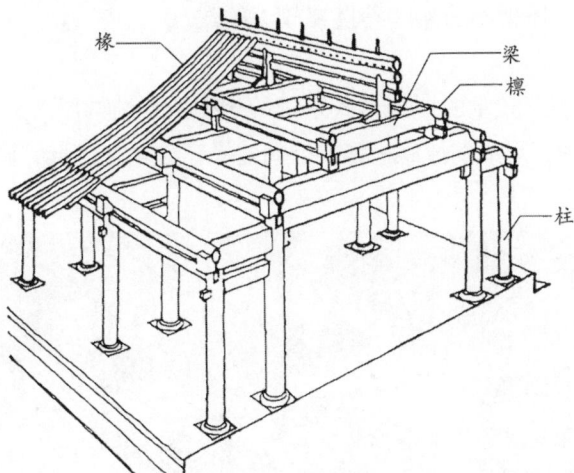

图 7-2　梁式结构屋顶示意

图片来源：《中小型建筑屋顶木构架技术表现》

（a）　　　　　　　　　　　　　　（b）

图 7-3　印度 Jetavan 社区中心梁式结构屋顶

图片来源：http://news.vsochina.com/architecture/2016/0923/4255.html

7.2.2 椽檩式结构

7.2.2.1 椽檩式结构概述

椽檩式屋架结构包括椽式结构和檩式结构，主要由椽条、檩条或二者共同作用来支撑屋面重量（图7-4）。椽檩式屋架最常见的形式是由椽条和顶棚搁栅钉合成三铰拱，或单独由椽条充当斜梁来承重，它的屋架顶端用脊梁或承重墙托起椽条，椽条端部与建筑墙面交接部位采用铁件进行定位固定，椽条与椽条之间用横撑连接以维系整体屋架结构稳定性。椽檩式木屋架受力明确，主要的受力杆件与辅助杆件共同组成屋架结构，体现着结构逻辑之美。根据屋顶不同形式，屋架呈现不同样式，适应性强。由于它的受力杆件之间缺少相互拉结，椽檩式木屋架不适用于跨度比较大的建筑。

7.2.2.2 椽檩式结构案例

浙江省杭州市美丽洲教堂的屋架形式采用的是框架式结构屋架，椽条承重体系。精美的椽条直接暴露在室内，形成韵律感极强的空间效果，与教堂自身的调性相匹配（图7-5）。

图 7-4　椽檩式结构屋顶

图片来源：http://www.nipic.com/show/1/62/5269324k2513144c.html

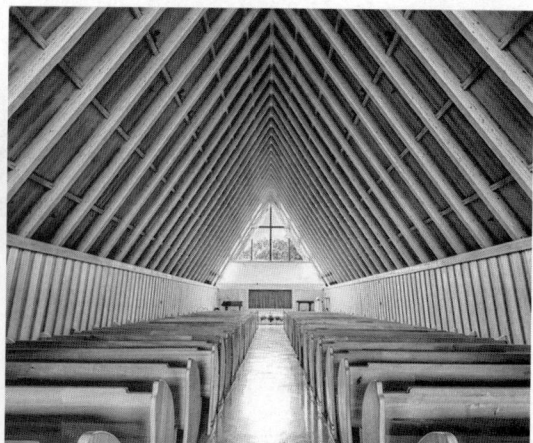

（a）　　　　　　　　　　　　　（b）

图 7-5　杭州市美丽洲教堂椽檩式屋顶

图片来源：http://sh.sina.com.cn/travel/destination/2015-09-09/1050164295_5.html

7.2.3 桁架结构

7.2.3.1桁架结构概述

屋顶桁架体系由于可以提前预制并且可以快速安装，大大缩短了施工周期，因而当前大多数轻型木结构住宅的屋顶体系都采用预制屋顶桁架体系。桁架是一种通过弦杆和腹杆连接成三角形布局来传递荷载的常用的建筑体系（图7-6）。木桁架分为重型木桁架和轻型木桁架两类。重型木桁架一般由木材和复合木材构成，节点处通过螺栓、裂环、托架和挂钩连接来传递荷载，它常用于跨度较大的公共建筑或有特殊要求的建筑。轻型木桁架采用齿板连接规格材的方式制成桁架。与轻型木桁架相比，重型木桁架结构用材尺寸较大，多用胶合木等人工复合材料，连接节点多采用螺栓，节点更加牢固可靠。重型木桁架多用于大中跨度的建筑屋顶结构中。

木桁架体系在设计中，应首先确定整个屋顶体系的桁架外形，接着确定桁架总跨度，然后进行细部的计算。预制屋顶桁架体系容许更大的跨度、更加灵活的布局，在安装方面更加快捷，它不仅用于单层、多层住宅结构，还可应用于商业、公共建筑等大型结构中，在现代木结构建筑中也得到越来越广泛的应用。屋顶桁架结构是通过屋架齿板（一种新型镀锌钢连接板）连接各个构件而形成的整体框架。现代木桁架结构建立在单面拥有无数凸出齿钉的钢质金属齿板的基础上。金属齿板可用大型液压机挤压木板上的齿钉使其陷入木中。如此木构件可以被牢固又轻易地"焊接"起来，用于制造桁架和其他木构件。和椽檩式屋架结构相比，木桁架结构更加灵活便捷，构造更简单，支撑点更少，使得其在设计和施工过程中更容易实现不同形状和尺寸。

7.2.3.2桁架结构案例

挪威奥斯陆国际机场屋顶结构材料采用的是木材与钢复合材料，结构形式是桁架结构（图7-7）。

7.2.4 网架结构

空间网架结构具有特殊的结构形式与结构优势，它的主要作用是使用最少的材料实现轻量化的结构，同时具有良好的刚性与限制变形能力（图7-8）。近年来，木材应用在空

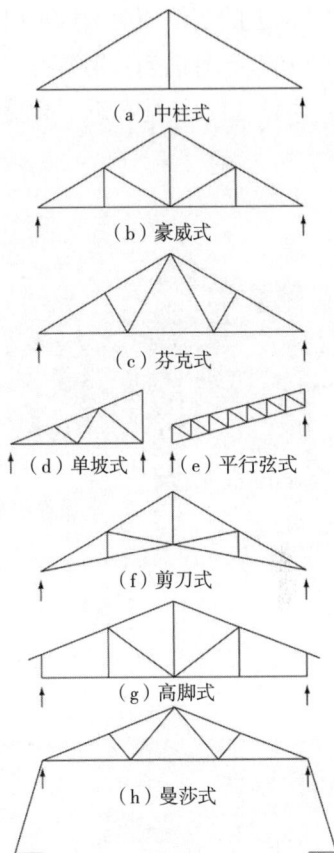

图 7-6　桁架结构屋顶示意图
图片来源:《中国轻型木结构房屋建筑施工指南》

间网架结构上的实例证明木材可以代替钢材成为空间网架的主要结构材料。木材用于网架比起钢材具有自身优势，钢结构网架由于钢的热胀冷缩特性，容易受环境温度的影响而发生变形，而木材通常情况下不会受到温度的影响。

（a）　　　　　　　　　　　　　　　　　　　（b）

图 7-7　挪威奥斯陆国际机场的桁架结构屋顶

图片来源：Airport expansion Oslo

（a）　　　　　　　　　　　　　　　　　　　（b）

图 7-8　矩形木网架屋顶

图片来源：http://hongjunkeji.cn/timber/gc.asp?i=1861

屋顶结构采用木结构的空间网架形式，木结构的空间网架不必处于一个平面内或是一个矩形的规则平面内。由于木材自身材质的柔韧性，木网架可以是自由曲线状的，适用于各种不同平面屋顶。和钢网架一样，木网架屋面同样适用于整体吊装装配，便于施工、节省人力、缩短工期（图7-9）。木材用于网架结构时，需注意的是构件与构件之间的节点连接处理。常见的连接节点处理有金属销钉连接、胶连接和钢构件连接。前两种连接方式会导致结构整体刚性过大，影响整个结构的延展性，从而降低了木网架的承载力和适用范围。采用钢构件连接相邻木杆件可以有效解决结构延展性的问题，同时操作也相对复杂。

图 7-9　木网架吊装

图片来源：《中小型建筑屋顶木构架技术表现》

7.2.5 刚架结构

7.2.5.1 刚架结构概述

刚架结构是把屋顶支撑结构的横梁与柱子通过刚性节点连接形成整体受力结构，适用于中小跨度的建筑（图7-10）。从材料上分，有钢结构刚架、混凝土刚架和胶合木刚架。近年来，胶合木的实例应用与技术提高证明，木材可以替代钢材用于刚架结构上。胶合木刚架结构屋顶造型简洁，大截面尺寸的屋盖主梁和小截面尺寸的屋架檩条形成整体，共同支撑整个屋顶的重量。木结构刚架屋顶可以工厂预制加工，再进行吊装组合，除了继承钢结构刚架的优点外，还有着自身独特的优势。木质材料带给人亲切温馨感的同时，还具有良好的保温性、耐腐蚀性。其广泛适用于马场、工厂、仓库等建筑。

图 7-10　刚架结构屋顶

图片来源：《中小型建筑屋顶木构架技术表现》

7.2.5.2 刚架结构案例

瑞士乌兹维尔的网球中心采用的胶合木刚架结构，巨大尺度的刚架结构与屋面搁栅小尺度形成对比，空间简洁大气（图7-11）。

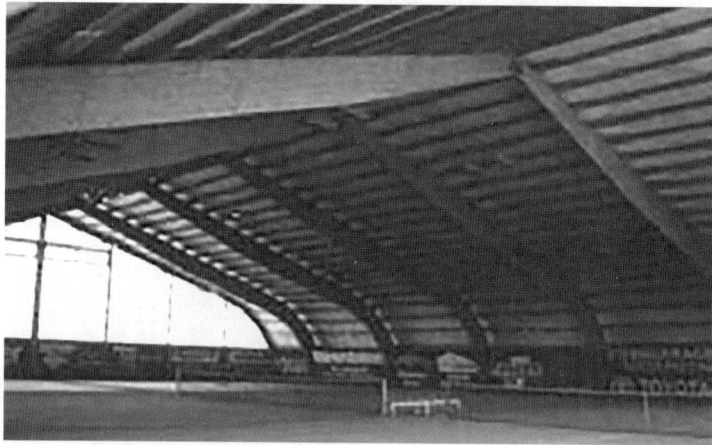

图 7-11　瑞士乌兹维尔的网球中心的刚架结构屋顶

图片来源：《中小型建筑屋顶木构架技术表现》

7.3　现代木结构建筑屋顶木构架的节点连接

与传统屋顶木构架的简单节点构造方式不同，现代屋顶木构架的节点方式众多。总结起来可以分为两类：木-木构件连接节点和钢-木构件连接节点。木-木构件连接节点指节点处的传力主要通过木构件之间直接传导，金属件起维护辅助作用。这类节点包括：齿板连接节点、节点板连接节点、榫卯连接节点等。钢-木构件连接节点指的是木构件之间的传力通过钢构件的过渡，再传递到相邻的木构件上，金属件成为结构力传递的重要组成部分。这类节点包含嵌套钢构件节点和内置钢构件节点两种类型。木屋架连接方式包括钉子、螺丝、螺栓、铆钉、销钉、环氧树脂棒、胶黏剂和其他结构连接器，其他结构连接器包括铺层角撑板、金属板和钉板（图7-12）。木结构设计的关键部分是连接。设计工作很大一部分是结构的设计和结构具体的连接方式。节点构造设计复杂的原因之一是木材具有各向异性，即木材沿着不同轴的结构特性是不相同的。另外一个原因是不同的木材，档次和特性各不相同，导致不同木材的结构连接有区别。

7.3.1 齿板节点连接

齿板是镀锌钢板经单向打齿制成，因施工效率高、节点性能稳定可靠、制作简单而被广泛应用于轻型木结构中（图7-13）。齿板又称钉板或桁架板，它取代了传统木构件连接常用的钉子。因为相比于钉子，齿板具有更大的连接接触面积和更加稳固的连接效果。齿板的安装通常需要液压机或其他重型设备，有些情况齿板也可以人工安装。由于齿板的连接力不是很强，所以其通常用于轻型木桁架的杆连接中；并且由于齿板的样式稍显粗糙，齿板连接节点不适合直接暴露在外。齿板连接最常用于带有顶棚搁栅的屋顶木桁架，也可以用在对室内视觉要求不高的建筑类型中直接外露，如仓库、车库等建筑的屋顶。

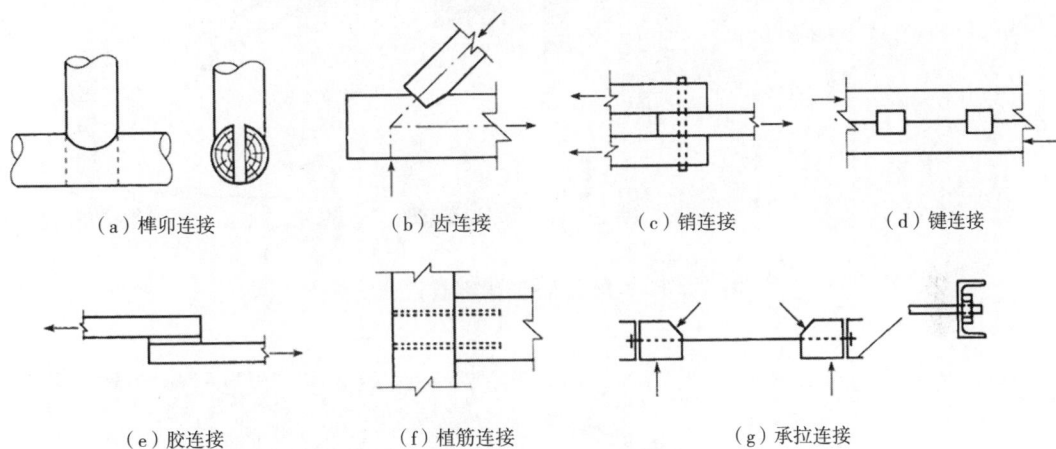

| （a）榫卯连接 | （b）齿连接 | （c）销连接 | （d）键连接 |

| （e）胶连接 | （f）植筋连接 | （g）承拉连接 |

图 7-12　屋顶木结构的节点连接

图片来源：《中小型建筑屋顶木构架技术表现》

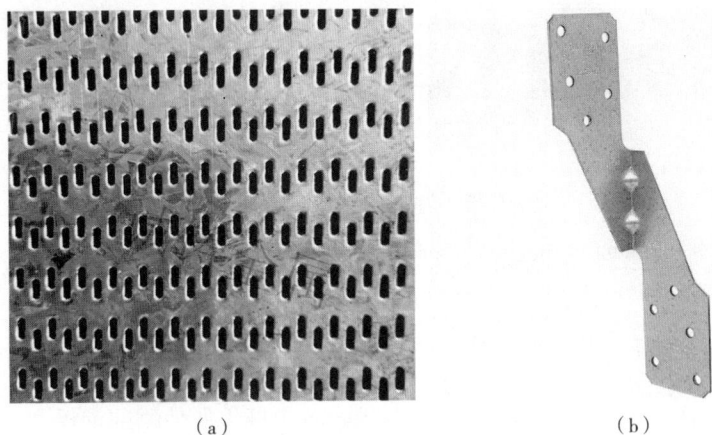

（a）　　　　　　　　　　　（b）

图 7-13　齿板连接

图片来源：http://news.fang.com/2010-09-06/3757071_all.html

由锯材等规格材组合制作的轻型木桁架的构件连接（图7-14），取代了之前受力不均的钉连接方式，采用齿板加固了木桁架的整体稳固性，同时便于施工安装。由于齿板自身较薄，长期处在潮湿的环境里容易受到腐蚀，会导致结构承载力下降，最终使结构损坏。所以，当轻型木结构的连接节点采用齿板连接方式时，应尽量避免不良因素的干扰。齿板较薄的特点使其不能承受压力的作用，齿板连接处的木构件不能有木节、裂纹等天然缺陷。齿板的嵌入深度应该经过计算确定，施工中应严格选用相应形状和相应承载力的齿板（图7-15）。

（a）　　　　　　　　　　（b）

图 7-14　木桁架构件连接

（a）　　　　　　　　　　（b）

图 7-15　齿板连接细节

图片来源：http://www.crownhomes.cn/Mobile/MProjects/ptmjghj.html

7.3.2 节点板节点连接

节点板节点连接指的是木桁架结构中，连接固定各个杆件所使用的钢板和相配套的螺栓等节点做法。节点板是用于固定木材与木材（或是其他材料）连接处的金属板。金属板节点由两部分组成：一是金属板片（材料多为镀锌钢板或不锈钢板），二是固定节点（使用的是钉子、螺钉或螺栓）。当采用钉子或螺丝固定时，金属板通常采用轻质（约为1mm厚）镀锌钢板、热浸镀锌和不锈钢。此种连接方式结构强度、造价和美观性都不高。采用螺栓固定时，通常选用3mm、5mm或6mm厚的钢板或热浸镀锌，构件可粉刷粉末涂料。螺栓常用12mm热浸镀锌钢板制造。

节点板根据连接位置的不同，形状大小各异，板厚也随着连接件受力不同而变化。同样道理，连接节点板与木构件的螺栓尺寸会根据不同桁架有所区别，但最好采用规格一致的螺栓，便于标准化加工生产。节点板通常涂上不同颜色（最常见的为黑色）或直接展示金属自身质感的银灰色，和木材本身的颜色形成对比。节点板本身构造精致，如同木构件连接处穿上精美的外衣一般。

节点板的安装步骤如下（图7-16）：首先，将木构件胶接形成整体框架，此时的木屋架构件全部采用胶接，对于重型木屋架胶接节点显然过于薄弱而且显得不够美观。然后，需要对构件间连接节点薄弱处进行加固处理。最后，对框架进行绑扎，等待胶黏剂干燥后，安装在工厂预制加工好的节点板。

（a）　　　　　　　　　（b）　　　　　　　　　（c）

图 7-16　节点板节点连接过程

图片来源：《中小型建筑屋顶木构架技术表现》

7.3.3 榫卯节点连接

现代木结构建筑的榫卯节点连接方式是对我国传统木建筑经典榫卯形式的创新，通常采用企口和凹口较平直的连接方式，形式上更为简化。然而为了满足现代木建筑对结构强度和精度的要求，这些看似简洁的节点处理方式，实际上需要更高的加工技术和更复杂的工艺。为确保建筑的牢固性，榫卯结构常与隐形的钢节点结合（图7-17）。

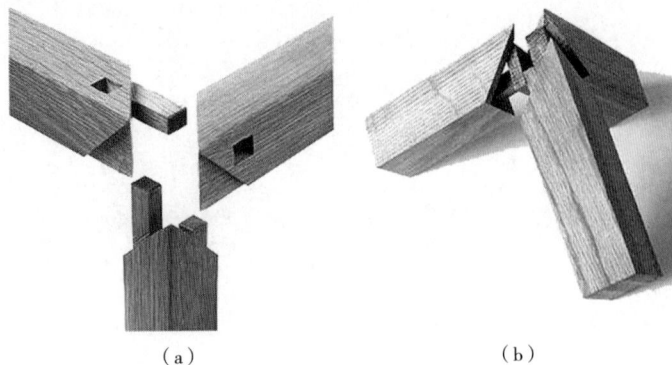

（a）　　　　　　　　　　　（b）

图 7-17　榫卯连接

图片来源：http://www.tdwfs.com/z/view.php?aid=2061

现代木结构榫卯通常采用钉子、螺栓、销钉等连接件加固连接部位，大大简化了连接节点的结构。榫接的两个构件一个做出榫眼一个做出榫头，二者穿插在一起，仅靠木构件的摩擦力显然不足以稳固结构，所以用金属钉固定。榫卯连接节点形式有着悠久的历史，尽管榫卯结构交接处的开槽一定程度上会破坏结构承载力，但是在合理的范围内，榫卯结构形式依旧受到建筑师和业主的喜爱。

图 7-18　木杆件之间的钢构件

图片来源：https://i.pinimg.com/736x/19/81/83/
19818345838c30b17199f15e78844ea9.jpg

7.3.4 嵌套钢构件节点连接

木屋架木杆件之间采用定制的钢构件相连，最大程度上保证了木构件端部的完整性，增大了结构承载力（图7-18）。木构件端部安装金属构件与其他木构件相连接时，成为金属节点间的连接构造。金属节点构造相比于木节点构造灵活多变，并且由于金属节点构造的精致性，节点也成为木屋架的重要表现部位。

嵌套钢构件节点适用于复杂的木构件交接部位，即在多向木构件交接处设置特定形状的钢构件，形成过渡连接装置，连接各个构件（图7-19）。木构件可以完全套入金属构件中，金属构件与木构件胶接或是栓接在一起，金属件对木构件的端部起到保护作用。同时，起到过渡转换力作用的钢构件可以简单地解决多向木构件在交接时复杂的节点处理，可以实现几乎任意角度的构件连接。这种构造方式有较好的传力性能，特别适用于木网架等空间结构体系。

（a）　　　　　　　　　（b）　　　　　　　　　（c）

（d）

图 7-19　嵌套钢构件节点连接

图片来源：《中小型建筑屋顶木构架技术表现》

7.3.5 内置钢构件节点连接

内置钢构件节点连接做法是指将钢件藏于开槽的木构件中，用螺栓或铆钉固定钢件和木构件（图7-20）。与外露的钢构件构造突出钢构件自身表现力相比，内置钢构件的做法主要体现木材或是突出展示螺栓、铆钉端部特色。内置钢构件依据不同连接位置样式各异，有的呈板片状分别插入两个相邻木构件内再用螺栓或铆钉固定。螺栓是重型木屋架中常用的固定木材与木材构件或是木材与钢材的连接件。螺栓承受着构件轴向拉力和侧向剪切力的同时作用。当较高的荷载产生时，螺栓承受的张力和传输荷载会增大，通过摩擦和拉伸的"绳子效应"作用，传到木构件的荷载只有拉力，从而有利于结构构件的受力。

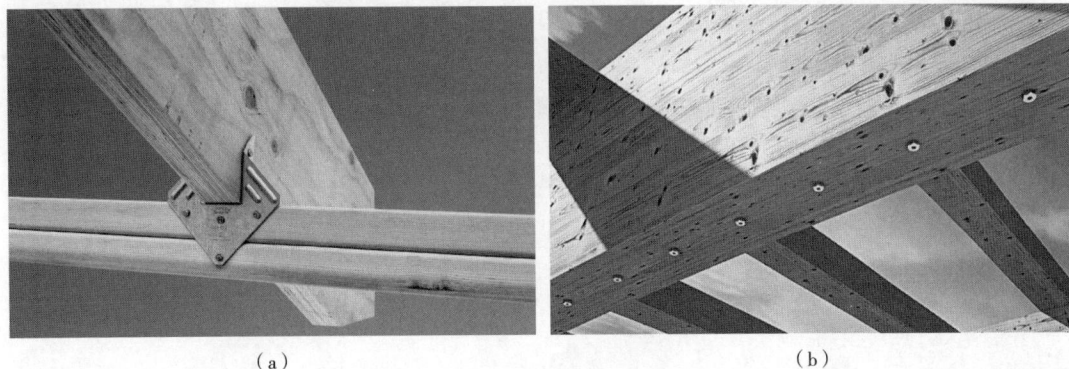

（a）　　　　　　　　　　　　　　　　　　　　（b）

图 7-20　内置钢构件节点连接

图片来源：https://www.madera21.cl/blog/2022/11/02/conectores-metalicos-para-obras-en-madera-piezas-para-otorgar-ductilidad-resistencia-y-seguridad-en-la-construccion/

木梁外观简洁原始，配以外露的铆钉形成粗犷的室内风格。有的内置钢构件做成铰接点，不仅连接两个相邻木构件还与其他支撑构件相连，这个铰接点成了木构件与其他结构相连接的过渡装置。例如，伦佐·皮亚诺设计的巴黎贝西区第二购物中心棚顶曲梁屋架结构。预制的钢铰接点与木曲梁通过铆接相连，顺应屋架弧度，同时铰接点为木屋架与支撑混凝土结构提供交接节点，作为不同材料结构间传力的过渡装置（图7-21）。

日本的"SE构法"是典型的内置钢构件的形式（图7-22）。日本传统木屋架构件连接采用榫卯结构，现代做法摒弃了传统的榫卯构造，因为榫卯结构连接处需要开体积较大的槽，削弱了木构件本身的结构强度。而采用内置钢构件的"SE构法"在木构件连接处端部或中间加工损伤木构件较小的线槽以及螺栓孔，配合SE钢质连接件，在施工现场装配，形成承重木结构框架，力学性能较高，因而在日本应用比较广泛。

内置钢构件保证了木构架在外观上最大程度保留木构件与木构件交接的感觉。连接处只有几颗固定用的销钉露在外边。有时候可以扩大销钉的端部，形成点状的装饰感；还可以采用隐藏的方式，让销钉的颜色接近木色，端部也不做特殊处理直接打入预留孔中，这样的木构件连接处简洁朴素（图7-23）。

图 7-21 巴黎贝西区第二购物中心棚顶

图片来源：http://bbs.zhulong.com/102050_group_705/detail31181756

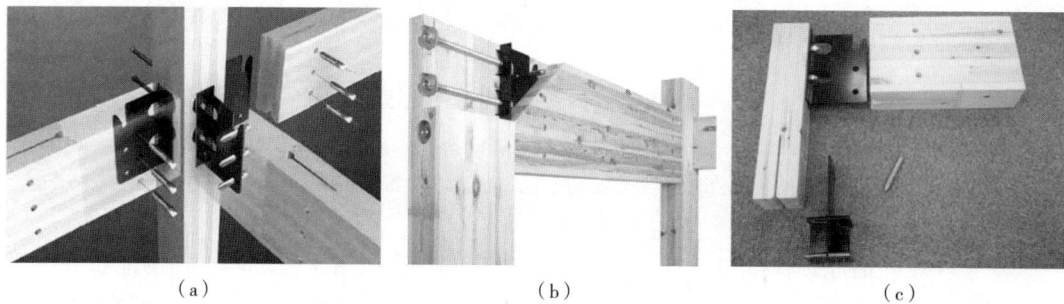

图 7-22 SE 构法

图片来源：http://bbs.zhulong.com/102050_group_705/detail31181756

图 7-23 内置钢构件安装过程

图片来源：http://blog.sina.com.cn/s/blog_992b20ff0100ytpf.html

7.4　现代木结构建筑屋顶的其他组成部分

7.4.1 屋面结构板

在轻型木结构建筑屋顶中，屋顶框架之上就是屋顶覆盖层。覆盖层包括屋面结构板和其上的覆面材料。屋顶覆盖层的作用是加强和加固屋顶框架构件，提供抵抗侧向荷载的能力，形成建筑物外壳以保护屋面。结构胶合板、定向刨花板以及锯材木板是用于轻型木结构建筑屋顶覆盖层的常用材料。

屋面结构板是位于屋顶框架之上的第一层屋顶覆盖，是加强屋顶整体刚度的重要措施。屋面板强度必须足以承受积雪、屋面材料以及施工和维修时的荷载。屋面板放置于屋顶桁架或椽条之上，通常采用结构胶合板、定向刨花板等木基结构板材或锯材。这些材料在沿表层木纹或木片方向上的强度都比较高。屋面板为屋顶覆盖面提供了一个受钉底层，并且为屋顶框架提供了侧向支撑。

用于屋面结构板的木基结构板材的尺寸不得小于1.2m×2.4m，在临近边界处、开口处和其他框架变化处，允许使用宽度不小于300mm的面板，但不得超过2块。木基结构板材的最小厚度在《木结构通用规范》（GB 55005—2021）中有明确的规定（表7-1）。此表格适用于不上人屋顶的屋面结构板。当结构胶合板或定向刨花板被用于屋面板时，其表面木纹方向应该与椽条、顶棚搁栅或桁架上弦杆垂直（图7-24），并且屋面板之间的拼缝应与这些构件平行。为了在屋顶框架间取得良好的连接，板材的端部接缝应该在框架构件上交

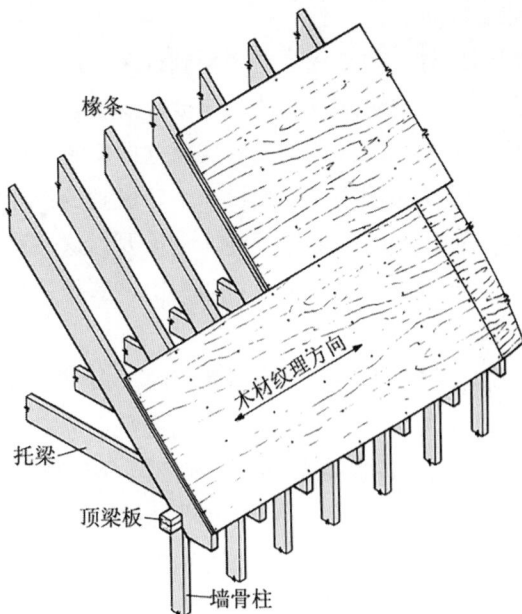

图 7-24　屋面结构板示意图

图片来源：http://quacent.com.cn/show.php?id=146&tid=515

错排列。搁置在同一根构件上的屋面板之间必须留有3mm的缝隙以允许屋面板膨胀，防止潮湿天气中板材在细微膨胀时发生弯曲。

表7-1　屋面板的厚度 　　　　　　　　　　　　　　　　　　　　单位：mm

支撑板的间距	木基结构板的最小厚度	
	$G_k \leqslant 0.3\text{kN/m}^2$ $S_k \leqslant 2.0\text{kN/m}^2$	$0.3\text{kN/m}^2 < G_k \leqslant 1.3\text{kN/m}^2$ $S_k \leqslant 2.0\text{kN/m}^2$
400	9	11
500	9	11
600	12	12

注：G_k 代表恒荷载标准值，S_k 代表活荷载标准值。当恒荷载标准值 $G_k > 1.3\text{kN/m}^2$ 或 $S_k \geqslant 2.0\text{kN/m}^2$ 时，轻型木结构的构件及连接不能按构造设计，而应通过计算进行设计。

7.4.2 覆面材料

屋顶覆面层作为外部装修的一部分，必须为建筑提供长期持久的防水保护，起到防风雪、雨水的作用，某种程度上也应具有保温隔热的作用。

坡屋顶常用的屋顶覆面材料包括木瓦、沥青瓦、石棉瓦和板岩瓦，片材有屋面卷材、镀锌钢板、铝材，有时还会用到铜材和锡材。平屋顶、低坡屋顶和组合屋顶通常使用复合屋顶，复合屋顶由多层沥青或柏油防渗层组成。覆面材料的选择和施工方法取决于屋顶坡度、造价、预期使用寿命、防风和防火要求，以及当地的气候条件。当然建筑外形的美观也是一个重要的考虑因素。

除了瓦片这类覆面材料以外，屋顶面层还要用到许多附件，包括屋顶衬垫材料、防水板、屋顶水泥层、屋檐防护板、边缘滴水部件、连接钉以及紧固件等。

屋顶覆面层通常在屋顶框架和屋面板铺设完成后立即安装，也早于其他任何的内部或外部装修，这一顺序可以在施工过程中尽早提供一个防风雨的作业空间，也保护内部板材免受过多水分的侵蚀。使用瓦屋面时，外露长度非常重要，这一长度主要取决于屋顶坡度和瓦片的种类，使用木瓦、沥青瓦、石棉瓦、板岩瓦的主屋顶最小坡度为33%，使用复合屋顶的最大坡度限制为25%。

沥青瓦、石棉瓦、板岩瓦屋面常用到屋面衬垫材料。多雪地区融雪会在屋檐处形成冰坝，因此需要在屋檐处铺设光滑表面的屋面卷材，以避免水带来的破坏。屋面衬垫材料在屋面板完成后应立即铺设。卷材端部接缝的搭接部分至少有100mm黏结在一起，边部接缝的搭接部分至少50mm。整个屋面可铺设双层衬垫材料，第二层覆盖第一层的重叠部分为475mm，第一层留出部分为425mm。屋面衬垫材料通过足够的紧固件与屋面板相连（图7-25）。在衬垫材料上铺设瓦片时应确保衬垫材料是干燥的。

屋顶边缘还需要滴水凸缘保护，以防止水从边缘渗入损坏屋檐和屋角的结构。大多数瓦屋面屋顶都需要安装滴水凸缘，其位置位于屋面板之上，在屋檐处位于衬垫材料之下。

（a）

（b）

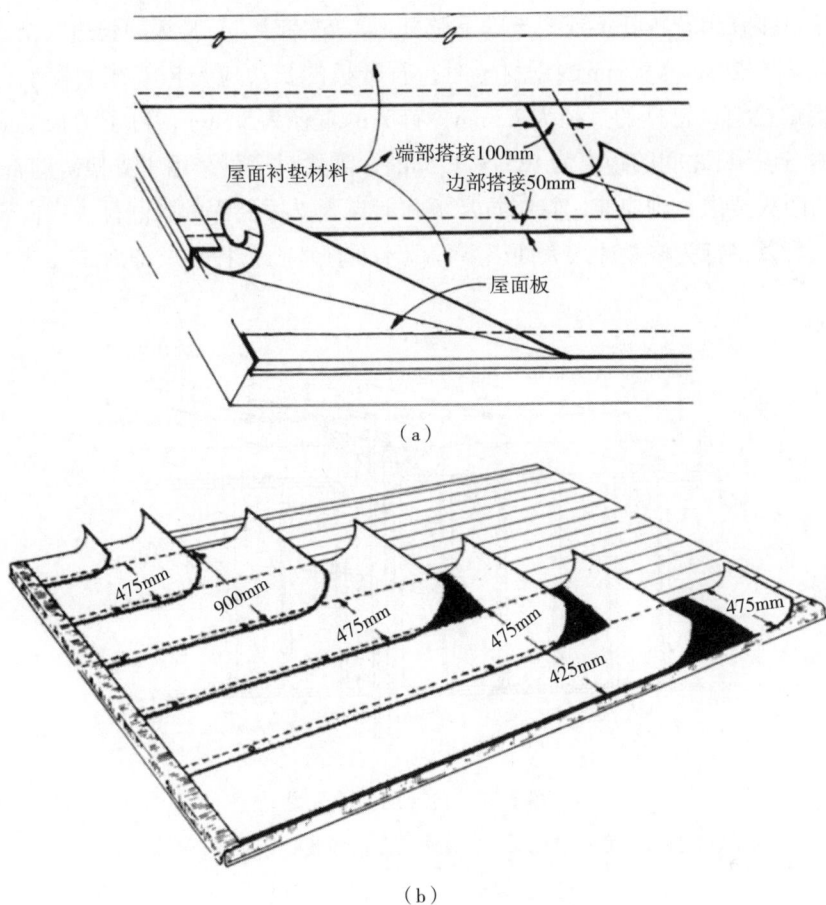

图 7-25 覆面材料示意图

图片来源：《现代木结构建筑之屋顶构造系统的研究》

7.4.3 内部吊顶

对于建筑室内来说，屋顶框架完成以后还需要进行内部装修（图7-26）。内部装修是指用一些材料来覆盖天花板框架，形成一个可供进一步装饰的表面基础。内部装修中常使用的材料有木材、石膏板、矿棉板、金属扣板、塑料扣板等。在各类材料中，木板条和石膏板使用最为广泛，而目前"干墙材料"正越来越受到青睐。所谓干墙材料，是指石膏板、胶合板、纤维板、贴面板以及各种尺寸规格的锯材等，这类材料的特点是无须干燥即可直接进行下一装修步骤，节约了施工时间，并且适用于潮湿的空间环境，甚至可以用在卫生间和淋浴房。

石膏板是由石膏制成的片材，表面覆纸质饰面，规格通常为1200mm×2400mm，如果需要，长度方向可达4800mm。由于安装迅速、成本经济，石膏板是目前内部装修使用最广的材料。石膏板本身种类繁多，有耐火石膏板、铝箔石膏板、防水石膏板及预制饰面石膏板等，此外还有各类紧固件、胶黏剂、钉板条和装修辅料。用于顶棚的石膏板通常以单片形式直接钉接在天花板托梁或桁架的下弦杆上。安装时，石膏板的长边与桁架或搁栅成直角，当紧固在20mm×90mm的锯材上时，石膏板的长边应与桁架或搁栅平行。紧固石膏板通常用螺栓钉，钉杆的直径为2.3mm、钉头的直径为5.5mm，钉子的长度应足以穿入支撑20mm，连接钉之间的距离为125～175mm，需要时还可采用木支架协助石膏板定位。若有特殊的耐火要求，则应使用特制石膏板和能穿入支撑更深的紧固件。在向石膏板中打入钉子时，可以将钉头略微冲入表面以下，但不要损坏石膏板纸质饰面。

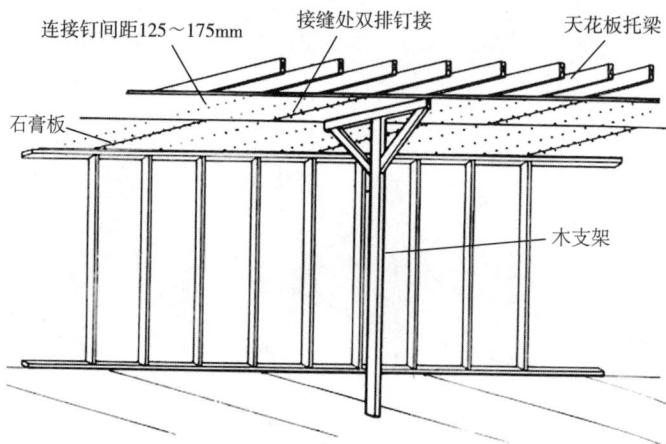

图 7-26　内部吊顶示意图

图片来源：《现代木结构建筑之屋顶构造系统的研究》

胶合板通常以板状或条状铺设。当胶合板的中心间距为400mm时，其最小厚度为5mm；中心间距为600mm时，其最小厚度为8mm。使用38mm的钉子在所有边缘将胶合板钉牢，钉子的间距在板边缘处为150m、在中间支撑处为300mm。胶合板可以是未经装修的，也可以是经过工厂预装修的。用于顶棚装饰的纤维板通常是瓦片状的。瓦片的尺寸从300mm×300mm到400mm×800mm不等。瓦片是有企口的，它由暗钉、夹子或U形钉所支撑。

7.4.4 保温材料

7.4.4.1 矿物棉保温隔热材料

矿物棉是一种优良的保温隔热材料，按照所用原料的不同，分为岩棉和矿渣棉两种（图7-27）。矿物棉及其制品在建筑和其他工业上的应用，以其优良的保温隔热和显著的经济效益引起人们关注。除矿物棉类材料的保温隔热性能外，岩棉类材料还具有防火特性。矿物棉具有很好的吸声和隔热效果，因此矿物棉类材料广泛用于早期的工业和建筑行业之中。但矿物棉类材料不同程度地含有沥青、胶或其他有机物，容易产生有害物质而污染环境；而且矿物棉材料强度低，作为围护结构的保温隔热层时易塌陷，而且生产加工工艺复杂。

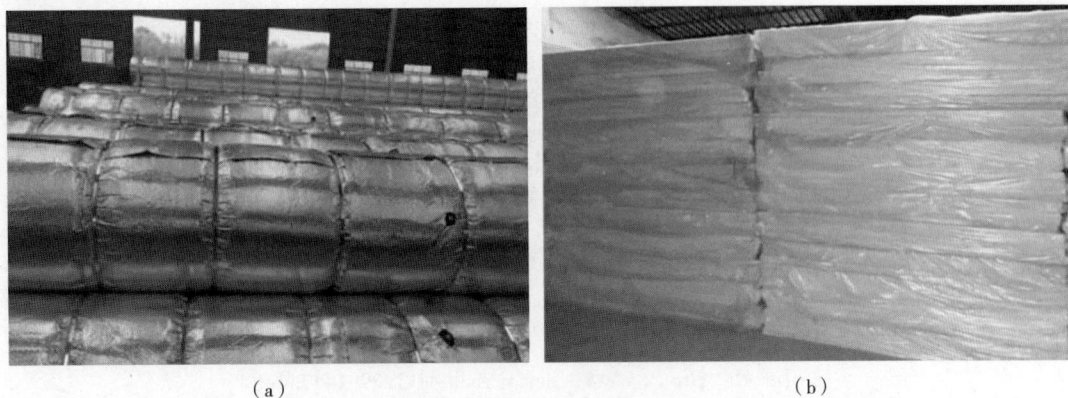

（a）　　　　　　　　　　　　　（b）

图 7-27　矿物棉保温隔热材料

图片来源：http://biz.co188.com/content_product_62526642.html

7.4.4.2 泡沫塑料保温隔热材料

泡沫塑料作为一种重要的有机保温隔热材料，主要有聚苯乙烯和聚氨酯泡沫塑料两种（图7-28）。其中聚苯乙烯泡沫塑料是目前使用最为普遍的一种保温隔热材料，具有保温隔热性能好、质轻、吸声等特性，尤其适合寒冷地区的保温。泡沫塑料保温材料的防火性较差，易燃，造价也相对偏高。此外，泡沫塑料制品抗老化能力差，使用寿命在20年左右，废弃材料不能降解，会造成白色污染。

图 7-28　泡沫塑料保温隔热材料

图片来源：http://www.cbsnews.com/media/4-simple-winter-home-projects-that-can-save-you-money/2/

7.4.5 防水材料

屋顶可用的防水材料（图7-29）品种繁多，按其主要原料分为3类：

7.4.5.1 沥青类防水材料

以天然沥青、石油沥青和煤沥青为主要原材料，制成的沥青油毡、沥青类或沥青橡胶类涂料、油膏，具有良好的黏结性、塑性、抗水性、防腐性和耐久性。

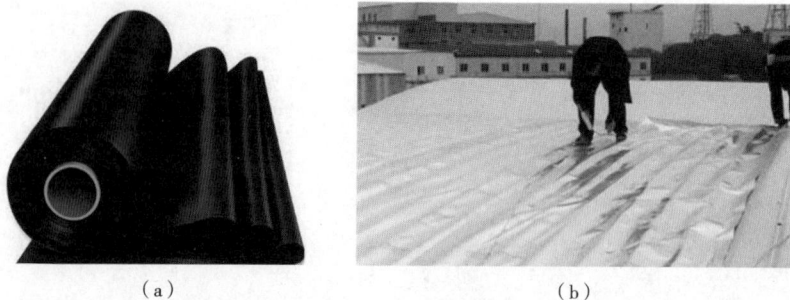

（a）　　　　　　　　　　　　（b）

图 7-29　防水材料

图片来源：http://www.51sole.com/b2b/pd_122994457.htm

7.4.5.2 橡胶塑料类防水材料

以橡胶、聚氯乙烯、聚异丁烯和聚氨酯等原材料，制成的弹性无胎防水卷材、防水薄膜、防水涂料、涂膜材料，以及油膏、胶泥、止水带等密封材料，具有抗拉强度高，弹性和延伸率大，黏结性、抗水性和耐气候性好等特点，可以冷用，使用年限较长。

7.4.5.3 金属类防水材料

薄钢板、镀锌钢板、压型钢板、涂层钢板等可直接作为屋面板，用以防水。薄钢板用于地下室或地下构筑物的金属防水层。薄铜板、薄铝板、不锈钢板可制成建筑物变形缝的止水带。金属防水层的连接处要焊接，并涂刷防锈保护漆。

7.4.6 防火层

7.4.6.1 材料防火

阻燃处理可有效减缓木材的热分解反应，因此在木结构住宅上应尽量使用阻燃材料。木材阻燃处理可分为2类：一类是溶剂型阻燃剂的浸渍法，另一类是防火涂料的涂布法。常见工艺有3种：深层处理，通过一定手段使阻燃剂浸注到整个木材中或达到一定深度，如采用浸渍法和浸注法；表面处理，在木材表面涂刷或喷淋阻燃物质，但这种方法不适合成材处理；贴面处理，在木材表面覆贴阻燃材料，如无机物、金属薄板等非燃性材料，或经过阻燃处理的单板等，或在木材表面注入一层熔化了的金属液体，形成所谓的"金属化木材"。市场常见的是聚磷酸铵或以氨基树脂固定的阻燃剂。

7.4.6.2 结构防火

北美、日本的研究人员对木材及木结构防火进行了大量研究，他们认为：木结构的防火应采取构造措施，防止各种情况下的木构件表面温度升高而着火。轻型木结构墙体、楼盖和屋盖、木桁架和工字木搁栅等结构件，设计耐火极限应达到2h。

木结构防火性能取决于房屋中构成的屋顶、墙壁和地板所用的建筑材料及其整体装修材料的种类。目前，在结构上主要采用全封闭的耐火石膏板装修（图7-30）。石膏板不仅能自然调节室内外的湿度，也是极好的阻燃材料，所以这种组合墙体的耐火能力极强，与砖石或钢混住宅的防火性能相当。

7.4.7隔声材料

7.4.7.1聚酯纤维吸音棉

聚酯纤维吸音棉是一种制作隔声装置的理想材料（图7-31），它具有以下产品特点：

图 7-30　防火石膏板

图 7-31　聚酯纤维吸音棉

（1）吸音性：100%聚酯纤维经高技术热压并以吸音棉形状组成，在125～4000Hz噪声范围内吸音系数达到0.94。

（2）装饰性：具有柔顺、丰富的自然材料质感，以及简约的装饰造型。

（3）保温性：具有特殊的吸热肌理，创造了出色的保温性能，营造十分舒适的恒温空间。

（4）阻燃性：聚酯纤维是防火材料，具有出色的阻燃防火性能，通过国家B_1级防火检测。

（5）环保性：聚酯纤维接近自然的色泽与特性，拥有国家级检测机构出具的甲醛放射性安全合格证明，是真正意义上的绿色环保产品。

（6）轻体性：质轻精巧。

（7）易加工性：美工刀随意裁割，色彩搭配多样，拼接和边角处理简单，完美的艺术图案和不同的风格造型能轻易呈现。

（8）稳定性：具有良好的物理稳定性，不会因湿度和温度的改变而膨胀或缩小。

（9）抗冲击性：具有柔顺、自然的质感，弹力高，在巨大的外力冲击下也绝不断裂，可以承受体育场和各种运动场所内任意的撞击。

（10）独立高效性：无须吸音棉和装饰板，甚至无须辅助材料，通过简单的粘、钻、刨、钉等基本操作就能达到较好的吸音效果和装饰效果，减少总体工程造价，缩短施工周期。

7.4.7.2 纤维水泥压力板

纤维水泥压力板（图7-32），是以天然纤维和水泥为原料，经制浆、成型、切割、加压、养护而成的一种新型建筑板材。它属于新一代绿色建材，在优良的隔声、防火性能基础上独具环保功能，广泛用于民用和工业建筑中。

7.4.7.3 吸音无纺布

吸音无纺布是一种环保产品（图7-33），主要采用水溶性聚乙烯醇纤维生产。它具有隔声和吸水性能。还有一种新型无纺布，是国外的进口产品，它的面层是棉和聚丙烯纤维的热黏合无纺布，具有非常好的强度和隔声性、伸缩性、吸水性。

图 7-32　纤维水泥压力板

图片来源：https://baike.sogou.com/v57397827.
htm?fromTitle=FC%E6%9D%BF

图 7-33　吸音无纺布

图片来源：http://www.hengannet.com/sca_246196.htm

7.5　现代木结构建筑屋顶的防护设计

在木结构建筑屋顶的防护中，应重点考虑保温、防火、防虫、防水等因素，来延长建筑屋顶的使用寿命。

7.5.1 保温隔热设计

在温和的气候条件下，几乎20%的总能耗用于住宅采暖、制冷和照明。这方面的能耗成本高，因此有必要采用合理的材料和结构来提升建筑物此方面能耗的利用效率，简单地讲就是提高建筑的保温隔热性能。在这方面，木结构是具有一定优势的。

建筑物的热传递，包括传导、对流、辐射、气流携带热空气或冷空气。冬季，热从屋内通过围护结构流向屋外，为了防止室内热量散失过多、过快，必须在围护结构中设置保温层。夏季，热则从屋外流向屋内，此时就需设置隔热层来降低屋顶的热量对室内的影响。实践证明，在建筑结构紧密的建筑物中，热损失大多通过建筑构件的传导而发生。要最大程度地提高能效，建筑构件必须采用能阻止热传导的框架材料设计，包括设置连续气密层、隔热材料和防潮层，以防止建筑围护结构发生空气泄漏（图7-34）。

对木结构建筑来说，木材本身是框架结构材料中保温隔热性能最好的，对于建筑整体而言，保温隔热性能还是其他有效材料共同作用的结果。

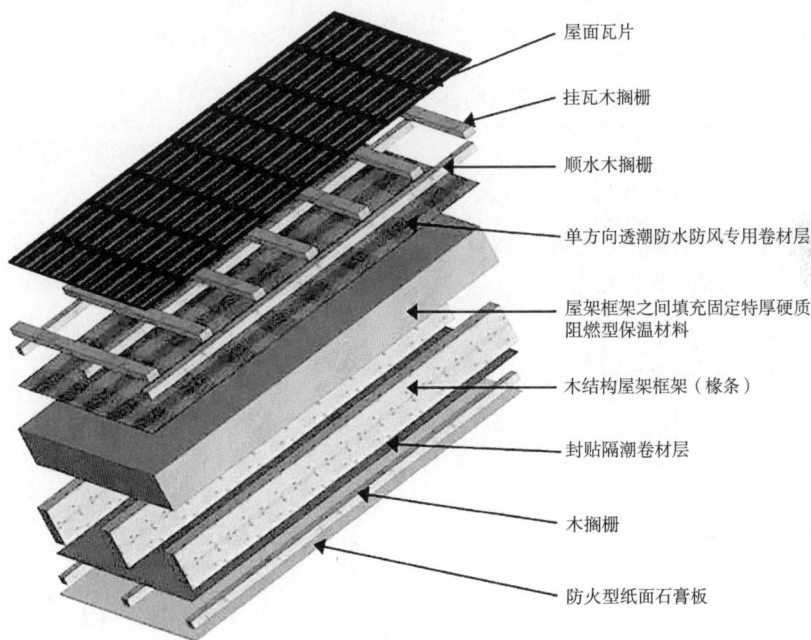

屋面瓦片
挂瓦木搁栅
顺水木搁栅
单方向透潮防水防风专用卷材层
屋架框架之间填充固定特厚硬质阻燃型保温材料
木结构屋架框架（椽条）
封贴隔潮卷材层
木搁栅
防火型纸面石膏板

图 7-34　保温屋顶构造示意图

图片来源：http://diyitui.com/content-1462898659.41553157.html

通常采用的屋顶保温措施有在承重框架之间填充阻燃型、铝箔覆面的硬质泡沫保温板，在木结构屋架框架之间填充发泡聚氨酯泡沫保温材料，等等（图7-35）。

（a）　　　　　　（b）　　　　　　（c）

图 7-35　屋顶保温措施

图片来源：http://blog.sina.com.cn/s/blog_5fc9e94c0102wxnv.html

隔热措施包括：在框架上铺设隔热材料组成隔热层；设置通风的空气间层，利用层间通风散发一部分热量，将屋顶温度降低至屋面内表面的温度；在屋顶表面铺设表面反射材料，加大对热辐射的反射作用；等等。在屋顶设计中，通过设置保温层、防潮层和隔热层来提高建筑的保温隔热性能，降低建筑的总体能耗，是设计的主要考虑因素之一。

7.5.2 防火设计

木结构防火设计应当遵循《建筑设计防火规范》（GB 50016—2014）的规定。建筑构件的燃烧性能和耐火极限应当符合表7-2中的规定。

表7-2　建筑构件的燃烧性能和耐火极限　　　　　　　　　　单位：h

构件名称	燃烧性能和耐火极限
防火墙	不燃性 3.00
承重墙、住宅建筑单元之间的墙和防火墙、楼梯间的墙	难燃性 1.00
电梯井的墙	不燃性 1.00
非承重外墙、疏散走道两侧的隔墙	难燃性 0.75
房间隔墙	难燃性 0.50
承重柱	可燃性 1.00
梁	可燃性 1.00
楼板	难燃性 0.75
屋顶承重构件	可燃性 0.50
疏散楼梯	难燃性 0.50
吊顶	难燃性 0.15

当同一座木结构建筑存在不同高度的屋顶时，较低部分的屋顶承重构件和屋面不应采用可燃性构件；采用难燃性屋顶承重构件时，其耐火极限不应低于0.75h。

轻型木结构建筑的屋顶，除防水层、保温层及屋面板外，其他部分均应视为屋顶承重构件，且不宜采用可燃性构件，耐火极限不应低于0.50h。

当建筑采用木骨架组合墙体时，建筑高度不大于18m的住宅建筑和办公建筑以及丁、戊类厂房（库房）的房间隔墙和非承重外墙可采用木骨架组合墙体，其他建筑的非承重外墙不得采用木骨架组合墙体。墙体填充材料的燃烧性能应为A级；木骨架组合墙体的燃烧性能和耐火极限应符合表7-3中的规定，其他要求应符合现行的国家标准《木骨架组合墙体技术标准》（GB/T 50361—2018）的规定。

木材本身虽然具备一定的耐火能力，但是在建筑中木结构构件的耐火极限几乎完全取决于用来保护木构件免受热效应的石膏板的耐火性，以及填充在构件中的玻璃纤维和岩棉等材料的耐火性。设计建造屋顶时，可以通过在屋顶框架构件之下安装石膏板吊顶层，以及在搁栅空腔内填充玻璃纤维和岩棉材料,阻隔火焰的热气渗透进木构件间的空腔,抵制火焰对构件的侵蚀;或者通过对木构件涂饰防火浸渍剂,提高木构件的防火性能。从屋顶构造来讲,有几个重点部位是需要特别加强隔火措施的,包括屋顶托梁底部、桁架下弦以及屋顶和墙体的连接部位(图7-36)。

表7-3 木骨架组合墙体的燃烧性能和耐火极限 　　　单位:h

构件名称	建筑分类			
	一级耐火等级或高度不大于54m的一、二级耐火等级的普通住宅	二级耐火等级	三级耐火等级	四级耐火等级
外墙覆面材料	A级材料	A级材料	A级材料	可燃材料
房间隔墙覆面材料	A级材料	A级材料	纸面石膏板或难燃材料	可燃材料

图 7-36　防火屋顶构造

图片来源:http://blog.sina.com.cn/s/blog_5fc9e94c0102wxnv.html

在木结构建筑使用过程中,应定期检查木构件和石膏板、玻璃纤维等防火材料的损坏情况,如有破损,应及时修补;特别注意几个重点部位的检查和维护,保证结构的完好。建筑内应根据建筑大小及分类等级,安装规定的烟感器、排烟走道和自动喷水灭火设施,并保证这些设备能正常使用。

7.5.3 防腐防虫设计

虫害对各类建筑都存在威胁,木结构建筑通过防虫处理,可以得到长期保护,免遭虫害。现在,人们普遍认识到,完全根除有害昆虫是不现实的,应把控制虫害的工作重点放在围堵现有昆虫群以及通过实施综合虫害管理策略来限制建筑物遭受虫害的危险方面。在不同情况下所需采取的具体措施取决于该区域内存在害虫的种类和数量及其对特定结构的威胁,以及对防治成本和风险的评估结果。屋顶防虫工作关键在于切断白蚁从地底到屋顶的通道。抑制法是指减少一定区域内受侵袭材料中的白蚁并最终予以根除的措施。白蚁刚进入某一地区分布零散，一般通过人类活动传播，在这种情况下通过抑制法消灭虫害是有效的。抑制法包括定位土壤中的白蚁巢穴并摧毁它们；焚烧受害的木材并且对回收的木材进行热处理；对受害地区的木材进行检查，防止受害木材进入建筑工地；使用区域性投放毒饵灭杀白蚁；对树木注射药剂破坏白蚁巢穴。

建筑工地管理的目标包括：清除土壤中所有未处理过的木材；确保排水系统将屋顶上的水从工地排走；清除现场所有木材和其他纤维材料（这也意味着清除树桩）；定期清理建筑垃圾，防止其被意外埋入土中，尤其不能埋入走廊或台阶下；场地周围安装足够的排水管，注意将水及时排出建筑物；未经处理的木构件应离地抬高。

结构耐久性主要通过物理化学的方法提高木材本身的防腐防虫性能。在白蚁活跃的地区，建筑物的部分位置需要采用经防腐处理的木材，如距地面小于450mm的木构件。木材通过真空加压处理可以防腐，或者采用一些化学药剂浸渍也可以达到防腐的目的。近年来，新研制并应用的一种防虫化学药品是硼酸盐。硼酸盐在干燥的环境中具有极好的防蚁特性，而且人体接触无害。硼酸盐是一种水溶性药品，因此在使用过程中应避开外界露天环境，经处理的木材在运输和储存过程中应覆盖，建成后应尽快封闭。

定期检查是极为重要的，以便尽早发现问题，并在问题恶化前将其解决。应该定期检查有无白蚁通道与潜在的可供白蚁进入房屋的桥梁。所有可能的湿气源，如排水槽、管道、浴室和空调等应做例行检查。屋顶也应确保适当维护以排除这些隐患，并避免过多的垃圾堆积和积水。

只要在施工中和施工后正确使用监控措施，即使是在蚁害严重的地区，木结构建筑仍能经久耐用。值得注意的是，除了上述的建筑结构外，其他一些屋顶的覆面板、纤维材料和室内物品也有受蚁害侵袭的危险，包括石膏板、吸声材、门窗、橱柜、家具、装饰线脚、底板等。

7.5.4 防潮设计

7.5.4.1 屋顶防潮的意义

木结构建筑的防潮问题与房屋的耐久性和舒适性相关。耐久性取决于材料和结构的完整性，通过建筑措施避免材料和结构长期暴露在潮湿环境中，可以确保房屋的耐久性。

屋顶长期暴露在雨雪天气下，是建筑中积水和受潮较为严重的部位。木结构建筑屋顶防潮处理的关键在于防止水分在结构构件缝隙间储留，这部分水分来自室外的降水，也来自室内的水蒸气。长期处于潮湿环境中的木构件容易发生腐烂，为腐菌和虫蚁提供侵蚀环境，加速结构构件的损坏。

7.5.4.2 防雨水渗漏措施

对于大气降水，建造屋顶时应充分考虑当地的气候条件和场地因素，选择正确的方位和屋顶对雨雪的暴露程度。水分渗透必须同时满足3个条件：构件上有开口或孔洞；开口周围有水；存在能让水穿过开口的驱动力。因此，通过消除这3个条件中的任何一个就可以阻止水分进入。在进行屋顶的设计和建造时，可以通过设置以下4道防线（可根据实际需要任意组合），有效地控制雨雪的渗透，包括折流、排水、干燥和使用耐久性材料。

（1）折流防线

折流是指使雨水偏离屋顶表面，从而将雨水渗透的可能性降至最小。折流防线包括：使屋顶背离当地主导风向；采用面积较大的屋面挑檐；采用合理有效的排水系统。

（2）排水防线

排水在建筑设计方法上包括坡屋面和水平构件的斜面设计。常用的措施包括：采用坡屋顶和屋顶排水沟；采用屋檐槽和落水管；采用金属防水板和防水层。

（3）干燥防线

干燥主要是指借助通风系统排出积聚的湿气，以避免湿气侵入屋顶构件。可以考虑对每种构件进行干燥防护，包括石膏板吊顶、防水层、气密层、蒸汽阻隔层等。

（4）使用耐久性材料

当木结构构件的含水率不能控制在20%以下时，可考虑对木材进行加压防腐处理以增强其耐久性。水蒸气的危害主要来自室内，尤其是在寒冷的冬季，室外的温度远远低于室内。这时室内的蒸汽压力大于室外，迫使室内的热蒸汽上升，遇到屋顶受冷，就会在屋顶构件表面出现冷凝现象。如果冷凝水大量积聚并且无法及时排出，就会造成木构件的腐坏。在炎热潮湿的夏季情况则恰好相反。

7.5.4.3 控制水蒸气的措施

控制水蒸气的运动和湿气的聚集，可以采用安装气密层、蒸汽扩散阻隔层、防水层、机械通风系统等方法（图7-37）。

在易于漏气的部位，如屋顶天窗、烟囱、通风孔四周，应仔细加以密封。因为室外水蒸气会通过这些孔洞和缝隙进入屋面系统内，停留在蒸汽阻隔层上。如果这种渗透是大量的，并且温度足够使蒸汽冷凝成水滴的话，那么就会对屋面系统造成损坏。

（a）　　　　　　　　　　　　　　　（b）

图 7-37　防潮屋顶构造

图片来源：http://www.archiproducts.com/en/products/dorken-italia/additive-and-resin-

for-waterproofing-delta-liquixx_47943

蒸汽阻隔层和防水层可以与保温层、室内吊顶结合起来，注意选用合适的防水材料。吊顶板上铺设一层保温材料，保温层上铺设一道蒸汽阻隔层，再往上面又是另外一层保温层，最后还要在上面铺设屋面卷材层。这样当室内的热蒸汽向室外移动时，就会被阻隔层阻挡，只要不达到使蒸汽冷凝的温度范围就不会出现问题，保温层的作用就在于此。

机械通风是采用机械设备排出室内湿气和陈腐空气的重要方法，现在某些此类系统还带有热回收装置，可以回收排出室外的空气中的热量并使之留在室内。木结构建筑屋顶的这些防潮构造和通风设备在使用过程中要定期检查，发现问题应及时修护，防止整个屋面系统因受潮而损坏。

7.5.5 排水设计

7.5.5.1 屋顶坡度

（1）形成坡度的原因

建筑屋顶是建筑的围护结构，在降雨时屋面应该具有防水的能力，为了防止渗漏还应尽快在短时间内将雨水排出屋面，因此屋顶需要具有一定的坡度。

（2）影响坡度的因素

①屋面防水材料

屋面防水材料接缝较多时，漏水可能性较大，宜采用大坡度，加快排水速度，减少漏水，所以瓦屋面常采用较陡的坡度；整体的防水材料接缝较少，屋面坡度可以小一些，如卷材屋面和混凝土防水屋面常用平屋顶形式。恰当的屋顶坡度既能满足防水要求，又经济实用。

②降水量的大小

降水量大的地区，为防止屋面积水过深、水压力增大而引起渗漏，屋面坡度常选取大一些的，以便雨水迅速排除；降水量小的地区，屋面坡度可选取小一些的。

③建筑造型

使用功能决定建筑的外形，结构形式的不同也影响建筑的造型，所有这些最终会体现在建筑屋顶形式上。结构造型的不同，可决定建筑屋顶形成较大坡度甚至反坡等。

（3）排水坡度的确定

根据《民用建筑设计统一标准》（GB 50352—2019）规定，在实际设计时，屋面排水坡度应该根据屋顶结构形式、屋面基层类别、防水构造形式、材料性能及当地气候等条件确定，并应符合表7-4的规定。

表7-4　屋顶的排水坡度　　　　　　　　　　　　单位：%

屋顶类别		屋面排水坡度
平屋面	防水卷材屋面	≥ 2、< 5
瓦屋面	块瓦	≥ 30
	波形瓦	≥ 20
	沥青瓦	≥ 20

续　表

屋顶类别		屋面排水坡度
金属屋面	压型金属板、金属夹芯板	≥ 5
	单层防水卷材金属屋面	≥ 2
种植屋面	种植屋面	≥ 2、< 50
采光屋面	玻璃采光顶	≥ 5

7.5.5.2 屋顶排水方式

屋顶排水方式分为无组织排水和有组织排水。

（1）无组织排水

无组织排水又称为自由落水，是指屋面雨水直接从挑出外墙的檐口自由落下，如图7-38所示。无组织排水方式构造简单经济，一般用于低层建筑、少雨地区等，因为屋面雨水自由落下时会溅湿勒脚及墙面，影响外墙的耐久性。

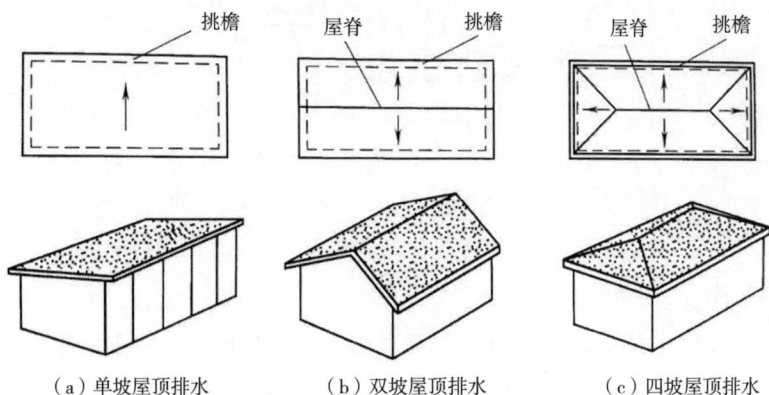

(a) 单坡屋顶排水　　　　(b) 双坡屋顶排水　　　　(c) 四坡屋顶排水

图 7-38　无组织排水示意图

图片来源：《建筑构造》

（2）有组织排水

有组织排水也称为天沟排水，是在屋顶设置与屋面排水方向垂直的纵向天沟，将雨水汇集起来，经雨水口和雨水管有组织地排至室外地面或室内地下排水管网的一种排水方式。这种方式具有不溅湿墙面、不妨碍行人交通等优点，因而应用较广泛。有组织排水又分为外排水和内排水两种形式。

外排水是雨水管装设在室外的一种排水方式，不会影响室内空间的使用和美观，构造较为简单，是屋顶常用的排水方式。外排水一般有檐沟外排水、女儿墙外排水、檐沟女儿墙外排水等多种形式，檐沟的纵向排水坡度一般为0.5% ～ 1%。

内排水是雨水管装设在室内的一种排水方式，在大面积多跨屋面、高层建筑以及特殊需要时采用。雨水管可设在屋面天沟内的管道井内，也可设在外墙内侧（图7-39）。

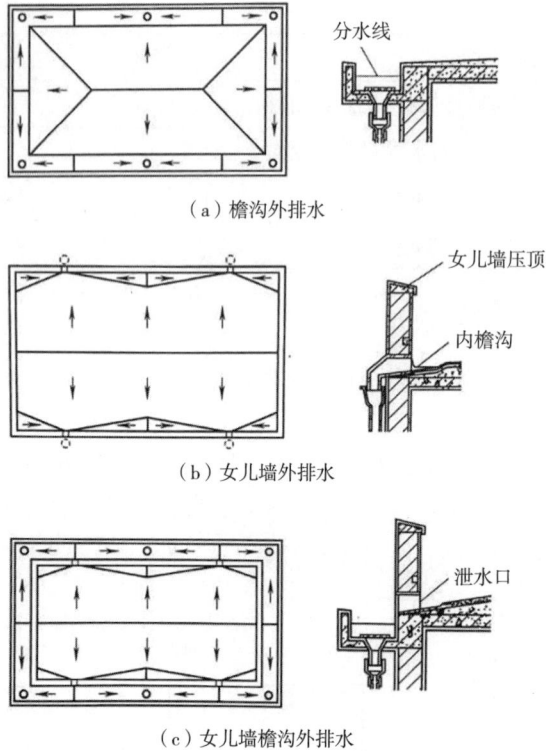

（a）檐沟外排水

（b）女儿墙外排水

（c）女儿墙檐沟外排水

图 7-39　有组织排水示意图

图片来源：《建筑构造》

7.5.5.3 檐　沟

檐沟属于金属落水系统，是屋檐边的集水沟，沿沟长单边收集雨水且溢流雨水能沿沟边溢流到室外。老式建筑房屋屋面檐口，檐下面横向的槽形排水沟，单独安装的一种有组织排水的装置，用于承接屋面的雨水，然后由落水管引到地面。材料可选用纯铜、彩铝、聚氯乙烯、不锈钢（图7-40）。

图 7-40　檐沟

图片来源：http://bit.ly/18M0.Owo

7.5.5.4 泛　水

泛水是指屋面防水层与凸出结构之间的防水构造。屋面与墙交界处、天沟处、屋顶坡度或方向改变处、屋面开洞处，应安装泛水板。坡屋顶与墙或烟囱交接处，应安装马鞍形泛水板（图7-41）。

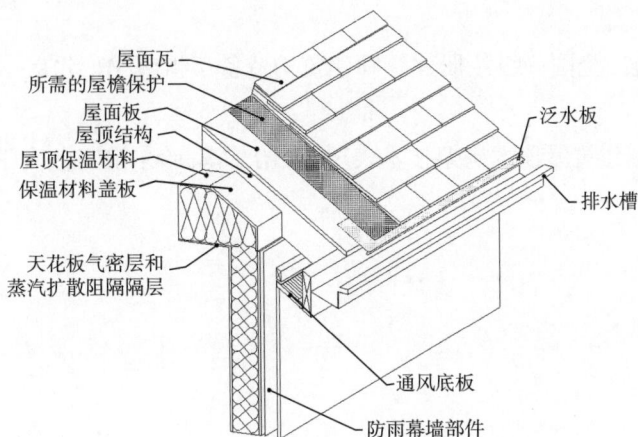

图 7-41　泛水板示意图

图片来源：《轻型木结构住宅建造技术》

7.6　本章小结

本章从屋顶的设计要求、屋顶形式、结构体系、节点连接、组成部分、屋顶防护设计等方面介绍了木结构建筑屋顶。现代木结构屋顶的结构类型主要分为5类：梁式结构、椽檩式结构、桁架结构、网架结构以及刚架结构。在屋顶框架系统之下一般还要进行建筑的内装修，包括安装顶棚材料、吊顶，或满足隔热、防尘、保温、隔声、美观等功效。在木结构建筑屋顶设计中，还有很多需要考虑的设计因素，包括隔绝与阻止来自建筑主体的热声光、雨水潮湿、风雪荷载、振动、火灾等方面的要求，以延长建筑屋顶的使用寿命。

参考文献

费本华, 周海滨. 轻型木结构住宅建造技术[M]. 北京: 中国建筑工业出版社, 2009.

龚瑜, 裴志坚. 现代木结构建筑屋顶的防护[J]. 中国科技博览, 2009（22）: 1.

龚瑜. 现代木结构建筑之屋顶构造系统的研究[D]. 南京: 南京林业大学, 2007.

黎姣. 木材在中国当代建筑中的应用[D]. 上海: 同济大学, 2008.

李云峰. 木屋架设计与施工中的若干问题[J]. 安徽建筑, 1998（2）: 20.

刘利清. 胶合木结构小型建筑结构设计原理的研究[D]. 南京: 南京林业大学, 2005.

邢大鹏. 现代木建筑技术及建筑表现[D]. 南京: 东南大学, 2005.

熊海贝, 颜晗.《轻型木屋架平屋面改坡屋面建筑构造》图集介绍[J]. 结构工程师, 2010, 26（1）: 126–130.

杨金铎, 杨洪波. 全国一级注册建筑师建筑构造备考指南[M]. 北京: 中国建材工业出版社, 2013.

赵乾铭. 中小型建筑屋顶木构架技术表现[D]. 哈尔滨: 哈尔滨工业大学, 2013.

8 现代木结构建筑楼梯与电梯设计

本章导读： 本章主要对木结构建筑楼梯以及电梯的分类、尺寸、设计要求等方面进行介绍；对楼梯的构造、防火等也稍加介绍，并举例加以说明；木结构建筑中的电梯较少，仅做简要介绍。

8.1 现代木结构建筑楼梯概述

在建筑物中，联系不同高度空间的人或货物运输的设施主要为楼梯、爬梯、台阶、坡道、电梯、扶梯等，它们是建筑物内部或建筑物与外部环境之间重要的竖向交通和交流工具。

楼梯是使用最广泛的交通设施，主要供上下层建筑空间之间交通，同时也是多层和高层建筑的紧急疏散设施。钢筋混凝土建筑层数一般较多，其一般设有电梯或自动扶梯，但同时也必须设置楼梯。由于目前国内规定仅允许建造3层及3层以下的木结构建筑，因此国内木结构建筑上下楼层间的联系全靠楼梯。国外则随着越来越多的高层木结构建筑的出现，在其中设有电梯或自动扶梯，但楼梯也是必须存在的设施。由此可见，楼梯在建筑中是一个不可或缺的存在，对于它的设计以及构造要求也有着严格的规范。楼梯应该做到上下通行方便，有足够的通行宽度和疏散能力，包括人行及搬运家具物品的通道；并且具有坚固、耐久、安全、防火性能，以及一定的审美性。

室内楼梯的产生是建筑空间发展与科技进步的标志。在17—18世纪，巴洛克式建筑及之后的建筑中，楼梯常常作为表现手法得以利用，是一种动感、庄严、典雅的手法和工艺的表现。

8.2　现代木结构建筑楼梯的组成与类型

8.2.1楼梯的组成

（1）楼梯梯段：是指设有踏步供楼层间上下行走的通道段落，一个梯段又称为一跑。梯段上的踏步按供行走时踏脚的水平部分和形成踏步高差的垂直部分分别称作踏面和踢面。楼梯的坡度是由人的基本尺度和行走尺度（踏步的高度和宽度）决定的。

（2）楼梯平台：是指连接两个梯段间的水平部分。平台用来提供楼梯转折、连通某个楼层或供使用者在攀登一定距离后略做休息的部件。

（3）扶手栏杆（板）：为了在楼梯上行走安全，梯段和平台的临空边缘应设置栏杆或栏板，其顶部设依扶用的连续构件，称作扶手。

8.2.2木楼梯的分类及特点

8.2.2.1按形式分类（图8-1）

（1）L形楼梯：强调进入楼梯的方向性，简洁优美，折角处富有动感，空间使用可调性强。

（2）折线形楼梯：最大的特点就是有一个转角处的平台，虽然空间有点浪费，但这种楼梯形式却深受消费者喜爱。

（a）L形楼梯　　　　　　（b）折线形楼梯

（c）直线形楼梯　　　（d）曲线形楼梯　　　（e）螺旋形楼梯

图 8-1　按形式分类的楼梯

图片来源：https://www.houzz.com/photos/staircase/tread--wood

（3）直线形楼梯：特点是坚固、顺畅、一目了然，搬运物品方便但占用空间较大。设计施工较为简单，材料适应性强。

（4）曲线形楼梯：也称为弧形梯，是形式最华丽、最丰富的室内楼梯形式。曲线华美，占用空间较大，空间使用率不高，但成本较高。

（5）螺旋形楼梯：是楼梯装饰艺术性的极限，现在流行的模块式组装楼梯是一种全新的楼梯概念，采用开放式造型设计，楼梯没有支撑柱，通透性很强。其安装、拆卸快捷方便，缺点是踏板不可以做得太多。

8.2.2.2 按承重结构分类（图8-2）

（1）梁式木楼梯：梯梁承重，适用于层高及荷载较大的楼梯。当梁与踏板分开制作时，可采用预制钢筋混凝土、钢、木或复合材料结构；当梁与踏板整体制作时，可采用钢筋混凝土结构。

（2）板式承重木楼梯：板承重，除隔板外，钢材及混凝土用量都比较多，自重也比较大，一般用于层高不大的预制或现浇钢筋混凝土楼梯。

（3）悬挑式木楼梯：踏板悬挑承重，占室内空间少，适用于居住建筑或作为辅助楼梯使用。踏板可用钢筋混凝土、金属、木材或复合材料制作。

（4）悬挂式木楼梯：出于轻巧的视觉要求，用栏杆或另设的拉杆，将整个梯段或踏板逐块吊挂在上方的梁或其他受力构件上，形成悬挂楼梯。

（a）梁式木楼梯　　　　　　　　　（b）板式承重木楼梯

（c）悬挑式木楼梯　　　　　　　　（d）悬挂式木楼梯

图 8-2　按承重结构分类的楼梯

图片来源：https://www.houzz.com/photos/staircase/tread--wood

8.2.2.3 按构造分类

（1）明步木楼梯：是指看向侧面时，由踏步板和踢脚板形成的齿状梯级效果明露的楼梯，如图8-3（a）所示。

（2）暗步木楼梯：是指踏步被斜梁遮掩，侧立面外观梯级效果藏而不露的楼梯，如图8-3（b）所示。

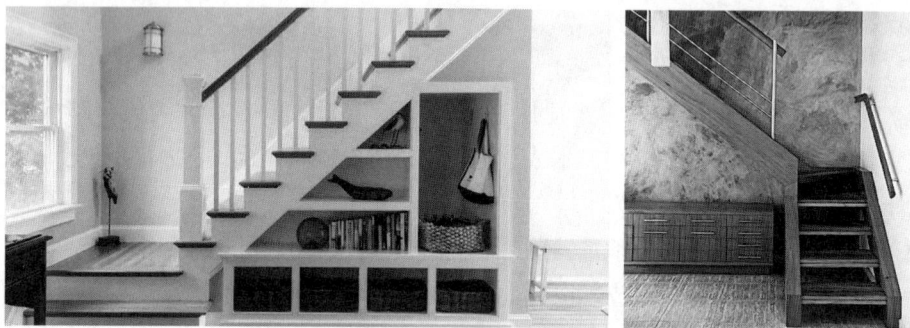

（a）明步木楼梯 　　　　　　　　　　　　（b）暗步木楼梯

图 8-3　按构造分类的楼梯

图片来源：https://www.houzz.com/photos/staircase/tread--wood

8.3　现代木结构建筑楼梯的设计原则

8.3.1 功能性原则

功能性原则其实就是符合目的性原则。设计产品需要考虑产品应当具有的目的和效能，在满足审美鉴赏要求的前提下，充分发挥其作用和价值。住宅楼梯的功能性莫过于踏板能够隔声和承重，扶手栏杆能起到保护作用以方便人们安全上行，即楼梯需要拥有实用功能。从楼梯间的角度来看，它本身就是一个具有特殊意义的部位，如能够在满足功能原则的前提下加上造型独特的美学设计，这样的空间就会呈现出更为独特的艺术特色。

8.3.2 耐用性原则

（1）选择耐用的木材：不同的材料，优缺点各有不同。一般实木楼梯保养起来比较困难，不宜阳光直射，过于干燥或潮湿的环境空间都会使实木木材变形，所以选择耐用性强的材料非常重要。

（2）多类型的材料搭配：材料是楼梯设计的物质载体，楼梯设计中材料的选择与利用也在很大程度上影响其耐用度。楼梯设计中所使用的材料为了耐用、加工方便，往往事先制成一定的初始形态，按照这些形态特征对楼梯的适用部位进行合理的设计与加工。

（3）合理的设计：合理的设计可以从造型设计与加工工艺两方面体现耐用性。在生产过程中，材料的制作方法、艺术风格都对造型设计有很大的影响，不同材料使造型风格有不同的呈现，楼梯的造型主要体现在扶栏部分，造型在一定程度上受到材料所能允许的制作结构形式的影响。不同材料的加工方式直接影响楼梯的造型特点，同时也会影响楼梯的整体耐用程度。

8.3.3 安全性原则

木结构楼梯应采用分散承力、动态受力和柔性支撑的设计理念。在这种设计中，各构件通过相互配合承重与拉伸能够有效分散楼梯所承受的荷载与动态压力，从而显著提高楼梯的稳定性和安全性。为了确保其在日常使用中的可靠性，木结构楼梯的自重应控制在合理的范围内，以减少对建筑物整体负荷的影响。木结构楼梯的设计还应与地面和楼板的预应力要求相匹配，确保楼梯与建筑结构的紧密衔接与稳定安全。

8.3.4 艺术性原则

木结构建筑楼梯的艺术性，表现在比例协调、工艺精良、造型独特、选材合理等方面。目前，市场上的木制产品资源丰富，为了吸引买家的兴趣，楼梯的设计者应该具备较高的设计能力、理解能力和对木材的表现能力，掌握现代设计该遵循的艺术性原则，彰显自然艺术之美。设计过程中，应该考虑将流行元素添加到楼梯中，使产品更具时代特色，还应符合时下社会提倡的生活理念以及生活方式。

8.3.5 人体工程学原则

木结构建筑楼梯最大的功能就是用于人行走，一般需要根据人体工程学理论来确定楼梯的坡度。木楼梯坡度的最佳设计值一般为20°～45°，踏步设计部分一般是设计与步幅、人脚尺寸相适。

楼梯产品的设计尺寸，要同时满足实用、舒适、节约的原则。只有采用合适的比例尺度，符合人体工程学，才能设计出科学合理的木楼梯产品。一般原则表明，楼梯的高度值相对较小而宽度值相对较大，人行走时才能感到舒适。护栏高度的设计应该满足人的手自然下垂时感到舒适。

8.4 现代木结构建筑楼梯的尺度

8.4.1 楼梯设计的一般尺寸规定

（1）公共场所楼梯的每段梯段步数不超过18级，不少于3级。

（2）踏步高不超过180mm。作为疏散楼梯时，不同类型的建筑楼梯踏步高度的上限和深度的下限都有规定，如商业建筑不超过160mm×280mm。

（3）楼梯的平台深度不应小于其梯段的宽度。

（4）在有门开启的出口处和有结构构件凸出处，楼梯平台需适当放宽。

（5）楼梯的梯段下面净高不小于2200mm，楼梯平台处净高不小于2000mm（图8-4）。

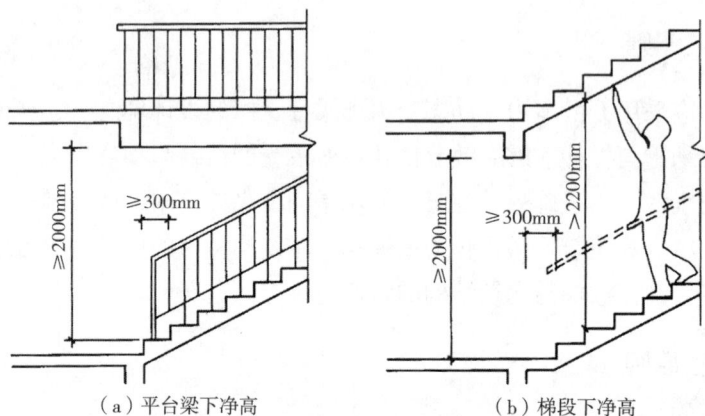

（a）平台梁下净高 　　　（b）梯段下净高

图 8-4　楼梯平台及梯段下净高控制

图片来源：http://www.chinabaike.com/t/30998/2015/1023/3693253.html

8.4.2 踏步尺寸

踏步尺寸一般应与人脚尺寸、步幅相适应，同时还与楼梯在不同类型建筑中的使用功能有关。在选择高宽比时，对同一坡度的两种尺寸以高度较小者为宜，这样更省力些。但要注意宽度亦不能过小，以不小于240mm为宜。这样可保证脚重心落在踏步中央，并使脚后跟着力点有90%在踏步上。就成人而言，楼梯踏步的最小宽度应为240mm，舒适的宽度应为280～300mm（表8-1）。

表8-1　一般楼梯踏步设计参考尺寸 　　　　　单位：mm

空间类型	踏步高		踏步宽	
	最大值	常用值	最小值	常用值
住宅	175	150～170	260	260～300
中小学校	150	120～150	260	260～300
办公楼	160	140～160	280	280～340
幼儿园	150	120～140	280	280～340
疗养院	150		300	
剧场、会堂	160	130～150	280	300～350

注：确定踏步级数 n，调整踏步高度 h 和踏步宽 b，用层高 H 除以踏步高 h，得踏步级数 $n \approx H/h$。当 n 为小数时，取整数，并调整踏步高 h（$h \approx H/n$）。用公式 $b + h = 450$（mm），或 $b + 2h = 600 \sim 620$（mm），确定踏步宽 b。

国家标准规定：公共楼梯的踏步的高度为160 ～ 170mm。常见的家中的水泥基座楼梯应按这样的标准设计，较舒适的高度为160mm左右。

按目前市场上出售的家庭用成品楼梯的情况来看，高度一般为170 ～ 210mm，180mm左右是最经济实用的选择。同一楼梯的各个梯段，其踏步的高度、宽度尺寸应该是相同的，尺寸不应有无规律的变化，以保证坡度与步幅关系恒定。

8.4.3 楼梯坡度

楼梯坡度的确定，应考虑到行走舒适、攀登效率和空间状态等因素。梯段各级踏步前缘各点的连线称为坡度线。坡度线与水平面的夹角即为楼梯的坡度（这一夹角的正切称为楼梯的梯度）。室内楼梯的坡度一般为20° ～ 45°，最好的坡度为30°左右。不同功能的楼梯要求的坡度各不相同，例如：爬梯的坡度在60°以上，专用楼梯一般取45° ～ 60°，室内外台阶的坡度为14° ～ 27°，坡道的坡度通常在15°以下。一般说来，在人流较大、安全标准较高，或面积较充裕的场所，楼梯坡宜平缓些；仅供少数人使用或不经常使用的辅助楼梯，坡度可以陡些，但最好不超过38°；个性化楼梯或因空间限制，可选择旋转楼梯。

8.4.4 楼梯宽度

梯段宽度一般由通行人流来决定，以保证通行顺畅为原则。楼梯单人通行的梯段宽度一般应为900mm；双人通行的梯段宽度一般应为1100 ～ 1400mm；三人通行的梯段宽度一般应为1650 ～ 2100mm。如需保障更多的人流通行，则按每股人流增加550mm+（0 ～ 150）mm的宽度设计。当梯段宽度大于1400mm时，一般应设靠墙扶手；而当楼梯上超过5股人流时，一般应加设中间扶手。

8.4.5 栏杆扶手尺寸

扶手高度不宜小于900mm。楼梯水平段栏杆长度大于500mm时，其扶手高度不应小于1050mm。楼梯栏杆垂直杆件间的距离不应大于110mm。

8.5   现代木结构建筑楼梯的构造及做法

8.5.1 木楼梯基本构件名称

木楼梯作为建筑中承载人员流动的重要部分，其设计与构造直接关系到空间的功能性、安全性和美观性。木楼梯通常由踏板、踢脚板、纵梁、楼梯柱、栏杆和扶手等部分组成。楼梯的纵梁是支撑踏步的主要梁体；楼梯柱则是用于安装扶手的立柱。木楼梯基本构件如图8-5所示。

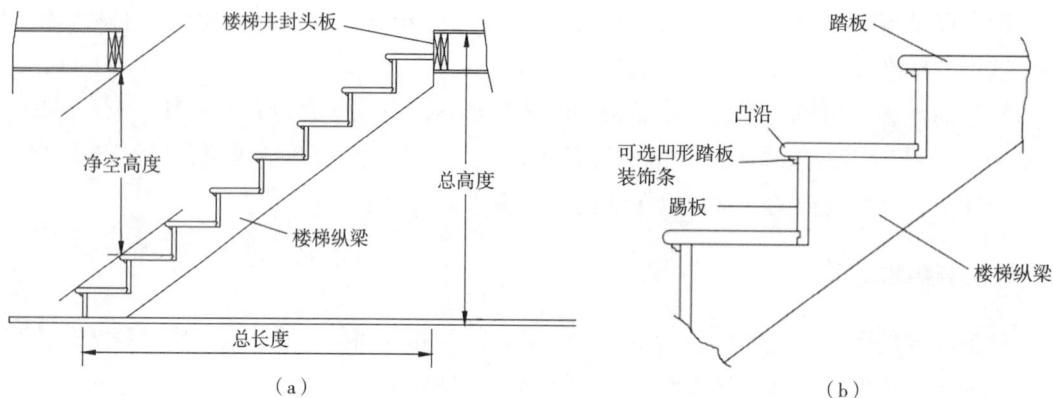

图 8-5　楼梯构件示意图

图片来源：http://www.chinamuwu.com/jishu/sheji/3240.html

8.5.2 木楼梯的施工

8.5.2.1 楼梯纵梁画线

纵梁是楼梯最主要的一个构件，通常会选用2mm×10mm或2mm×12mm规格的材料。拿到材料后，弯曲面向上并做好标记。根据之前计算出的单位高度和单位宽度，通过使用木工角尺和定位扣，在楼梯梁上标出切割线（图8-6）。

在画线时，要特别注意两个端部。一端是放置在下一层的楼板完成面上；而另一端是和上层楼板中的开洞过梁相连接，切割时需要考虑减去一个顶端楼梯挂板的厚度。

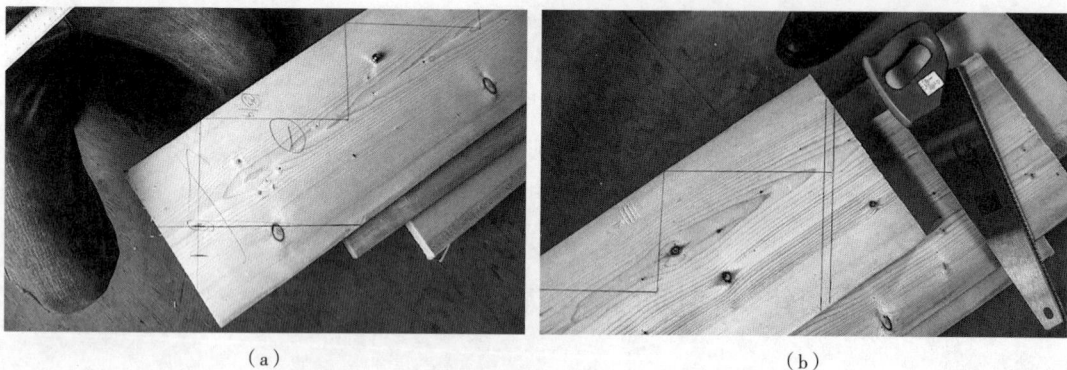

图 8-6　楼梯纵梁画线

图片来源：http://baijiahao.baidu.com/s?id=1571049222873275&wfr=spider&for=pc

8.5.2.2 切割楼梯纵梁

和上层楼板中的开洞过梁相连接的一端，切割线需减去一个楼梯挂板的厚度。把切好的这根楼梯梁作为模板，以此画线并切割剩下的楼梯梁（图8-7）。楼梯切割完毕后放置在旁边，留作稍后使用。

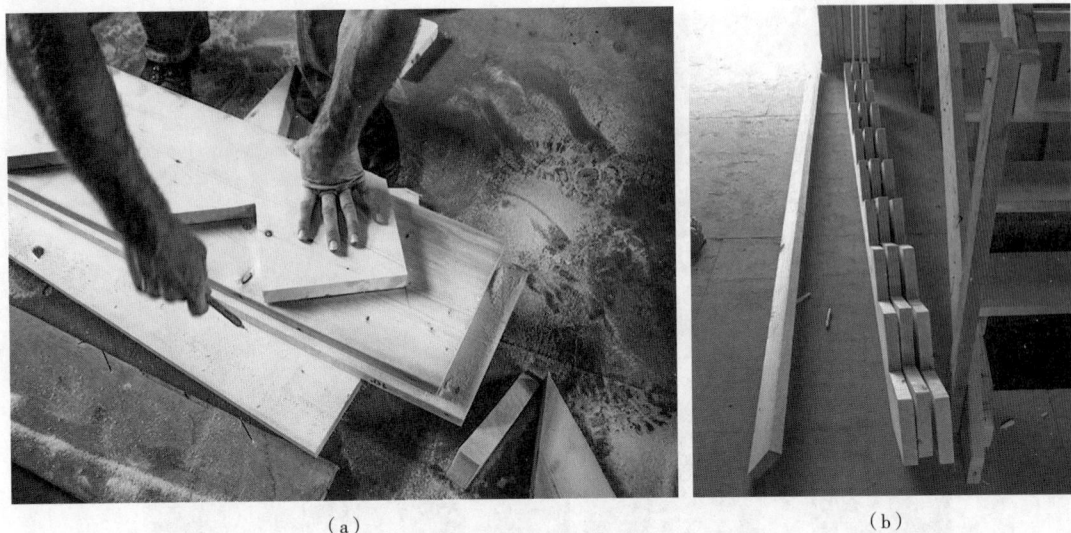

（a）

（b）

图 8-7 楼梯纵梁切割

图片来源：http://baijiahao.baidu.com/s?id=1571049222873275&wfr=spider&for=pc

8.5.2.3 安装楼梯框架

测量楼梯宽度，并切割楼梯的挂板。楼梯挂板切割好后，与前面制作好的楼梯进行安装。并将安装好的框架置于楼梯安装位置，再进行后续工作（图8-8）。

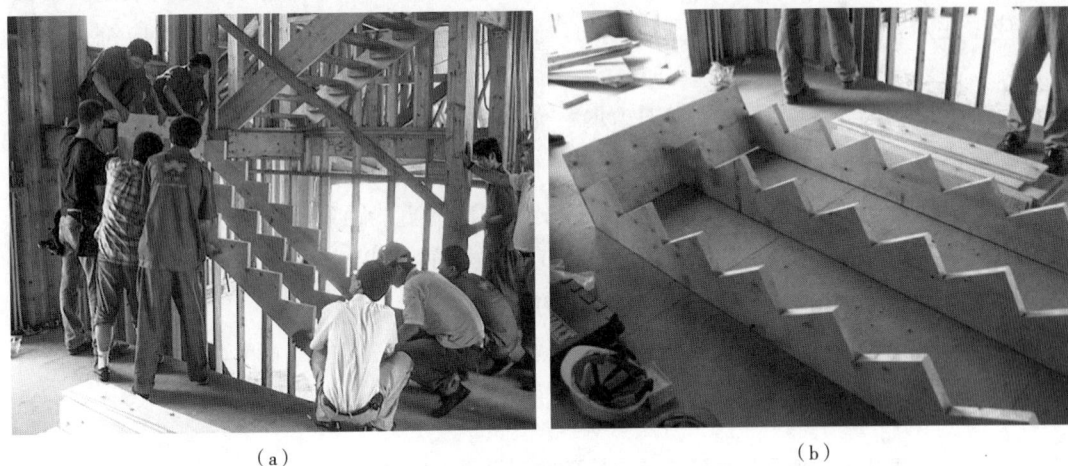

（a）

（b）

图 8-8 安装楼梯框架

图片来源：http://baijiahao.baidu.com/s?id=1571049222873275&wfr=spider&for=pc

8.5.2.4 安装踏板

楼梯框架安装就位之后，应安装楼梯的踏板和竖板（图8-9）。安装时，应施结构胶，使构件黏合，日后在使用中不会产生噪声。楼梯安装好之后，可进行后续的装修工作，达到美化楼梯的目的。

（a）

（b）

（c）

图 8-9 安装踏板

图片来源：http://baijiahao.baidu.com/s?id=1571049222873275&wfr=spider&for=pc

8.5.3 木楼梯的防火疏散设计

根据《建筑设计防火规范》（GB 50016—2014）第十一章木结构建筑中的规定，疏散楼梯应采用难燃性材料且耐火极限为0.5h。民用木结构建筑的安全疏散设计应符合下列规定：

（1）当木结构建筑的每层建筑面积小于200m²且第二层和第三层的人数之和不超过25人时，可设置1部疏散楼梯。

（2）房间直通疏散走道的疏散门至最近安全出口的直线距离不应大于表8-2的规定。

（3）房间内任一点至该房间直通疏散走道疏散门的直线距离，不应大于表8-2中有关袋形走道两侧或尽端疏散门至最近安全出口的直线距离。

（4）建筑内疏散走道、安全出口、疏散楼梯和房间疏散门的净宽度，应根据疏散人数按每100人的最小疏散净宽度不小于表8-3的规定计算确定。

表8-2 房间直通疏散走道的疏散门至最近安全出口的直线距离   单位：m

类型	位于两个安全出口之间的疏散门	位于袋形走道两侧或尽端的疏散门
托儿所、幼儿园	15	10
歌舞娱乐放映游艺场所	15	6
医院和疗养院建筑、老年人建筑、教学建筑	25	12
其他民用建筑	30	15

表8-3 疏散走道、安全出口、疏散楼梯和房间疏散门每100人的最小疏散净宽度　单位：m

层数	每100人的疏散净宽度
地上1～2层	0.75
地上3层	1.00

8.5.4 现代木结构建筑楼梯实例

8.5.4.1 罗森海姆住宅中的透明木楼梯

在这幢住宅中，楼梯（图8-10）位于一个房间的墙和公共空间的一面墙之间。为了让这样一个楼梯间不那么昏暗，建筑师在楼梯的踏板上凿了很多的洞。踏板是桦木板，洞眼直径30mm，整片桦木板外圈黏合一层橡木板。整个踏板用钢构件与墙体固定。当实际安装完毕后，所有的铁构件几乎都看不见了。这个楼梯新颖的地方在于不同的木材组合以及自然的光线效果。

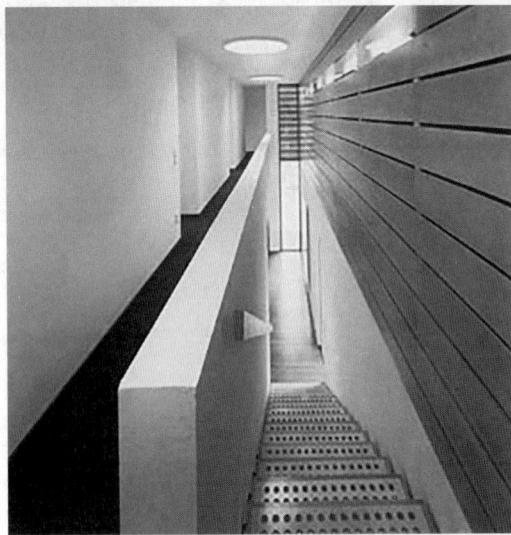

图8-10　罗森海姆住宅中的透明木楼梯

图片来源：《木楼梯：构造·造型·实例》

8.5.4.2 SDM住宅中的木楼梯

该楼梯（图8-11）位于印度孟买的SDM住宅中，墨西哥Arquitectura Movimiento Workshop事务所完成了该住宅的室内设计，流动线性的木结构楼梯是整个设计中的最大亮点。楼梯采用胡桃木制作，渐次弯折重叠而上的结构，在视觉上显得十分轻盈，同时呈现出优美的流动线条。前3个踏板彼此独立，其余结构像一组弯曲的长凳一样站立，每一个角度看过去后面的都比前面的更高更窄。木材围绕金属结构形成，该金属结构锚定在围绕两侧的楼梯墙壁上。

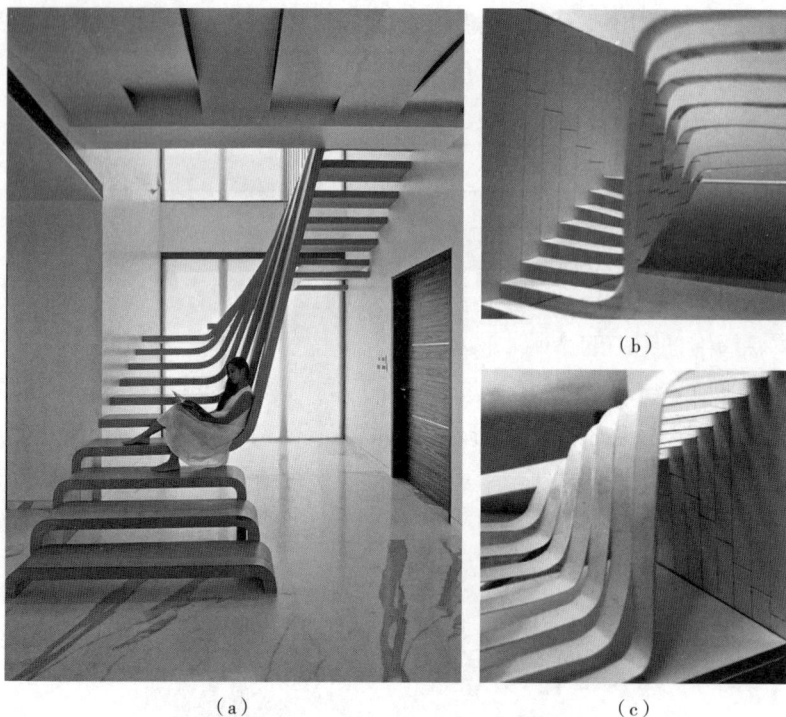

图 8-11　SDM 住宅中的木楼梯

图片来源：http://designaddicts.com.au/platform/2014/08/18/up-or-down/?lang=zh

8.6　现代木结构建筑电梯

8.6.1 电梯概述

电梯是一种以电动机为动力的垂直升降机，装有箱状吊舱，用于多层建筑乘人或载运货物；也有台阶式电梯，称为自动扶梯。电梯具有快速、方便、省时、省力的特点，在多层、高层建筑中被广泛应用。

8.6.2 电梯的分类

（1）按使用性质，可分为客梯、货梯、医用电梯、货梯、消防电梯、杂物电梯等。

（2）按电梯行驶速度，可分为高速电梯（运行速度大于2m/s）；中速电梯（运行速度为1.5～2m/s），多为货梯；低速电梯（运行速度小于1.5m/s），多为货梯。

（3）按特殊功能，可分为景观电梯、无障碍电梯、无机房电梯、液压电梯等。

8.6.3 电梯的组成与构造

电梯的组成与构造如图8-12所示。

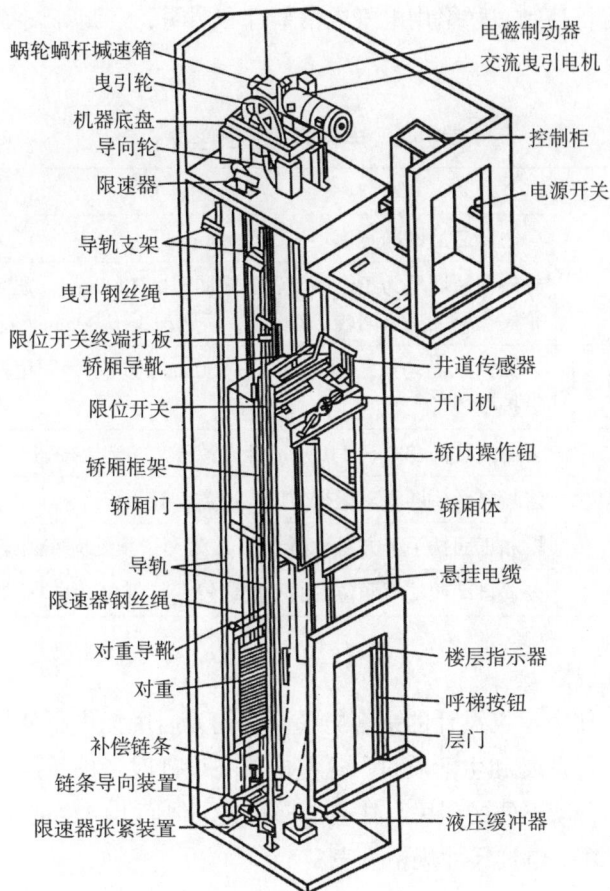

图 8-12　电梯构造示意图

图片来源：《建筑构造》

8.6.3.1 电梯井道

电梯井道是建筑物内为电梯轿厢上下运行和安装附属设备的必要的垂直空间，其尺寸规格根据电梯厂商的要求和土建施工的精度而定。为保证电梯轿厢在井道中运行时出入口和检修的需要，电梯井道在顶层停靠层必须有4.5m以上的高度；在底层以下也需要留有不小于1.4m深的地坑供电梯缓冲之用，当地坑深度达到2.5m时，应设检修爬梯和必要的检修照明电源。

8.6.3.2 电梯机房

电梯机房一般位于电梯间的顶部，是设置曳引设备和控制设备的场所，一般设有牵引轮及钢支架、控制柜、检修起重吊钩等，需要根据不同厂商的设备排布和维修管理需求而定。机房维护构件的防火要求与井道一样，为了便于安装与修理，机房的楼板应按照机器设备要求的部位预留孔洞。

8.6.3.3 电梯轿厢

电梯轿厢是直接载人或载物的部件，多为金属框架结构，内部装修应美观、耐用、易于清洁，设有电梯运行控制、联络用电气电信部件和照明、空调等设备。电梯轿厢设计要求见表8-4。

表8-4　电梯轿厢设计要求

设施类型	设计要求
电梯门	梯门开启后的净宽度不应小于800mm
地面	轮椅在轿厢里为正进倒出时，轿厢深≥1400mm，宽≥1100mm 轮椅在轿厢里可回转180°时，轿厢深≥1700mm，宽≥1400mm
扶手、护壁板	轿厢内三面均设距地高800～850mm的扶手，厢里四面距地350mm以下设护壁板
选层按钮	轿厢内侧高900～1100mm处设带盲文的选层按钮
显示与音响	清晰显示轿厢上下运行方向及层数，有报层音响
镜子	轿厢正面扶手上方距地高900mm处至吊顶处应安装镜子
平层	设置自动调整轿厢位置的平层装置，其最大误差为13mm

8.6.3.4 电梯尺寸规格

住宅电梯是专为住宅建筑设计的乘客电梯，它们为居民提供了便捷的垂直交通工具，极大地提升了居住的舒适度和生活质量。这些电梯在设计时考虑了居民的日常生活需求，特别是对于老年人和行动不便的居民，住宅电梯解决了他们上下楼的难题，增强了住宅的可访问性和便利性。住宅电梯尺寸规格见表8-5。

商业电梯则是为商业环境量身定制的电梯解决方案，常见于商业综合体、购物中心和办公楼等。与住宅电梯相比，商业电梯的设计更注重应对高峰时段的最大客流量，因此它们通常具有更大的载客能力和更快的运行速度。商业电梯的功能性不仅限于乘客运输，还可能包括货物的垂直运输，以满足商业运营的多样化需求。此外，商业电梯的设计也强调了效率和安全性，确保在繁忙的商业活动中提供可靠的服务。

表8-5　住宅电梯尺寸规格

载重量/kg（人数）	额定速度/（m/s）	轿厢尺寸（宽×深）/mm 内部	轿厢尺寸（宽×深）/mm 外部	中分式门（宽×高）/mm	最小顶层高度/mm	底坑深度/mm	轿厢最大有效面积/m²
480（7人）	1.0 1.5	1350×1000	1400×1162	800×2100	3800 4000	1400 1600	1.38
630（9人）	1.0 1.5	1400×1180	1450×1342	800×2100	4200 4500	1400 1600	1.66
750（10人）	1.0 1.5	1400×1350	1450×1512	800×2100	4400 4500	1400 1600	1.9
1000（13人）	1.0 1.5	1600×1400	1650×1642	800×2100	4200 4500	1400 1600	2.4

8.6.4 电梯的防火设计

电梯防火设计是建筑火灾防控体系中的一个重要组成部分，它直接关系到建筑物火灾发生时人员疏散、消防救援通道的畅通以及电梯本身在火灾中的安全性。

电梯防火设计主要涉及电梯前室、电梯井、电梯轿厢等部位。《建筑防火通用规范》（GB 55037—2022）明确规定，电梯前室是火灾发生时为疏散人员和消防救援人员提供避难及进场通道的关键区域。为了减少火灾蔓延的风险，该区域的顶棚、墙面和地面应采用不燃性材料；且须保证与之衔接的一些重要节点，如疏散出口、出口门和疏散楼梯间前室等，避免使用镜面反光材料，以防在紧急情况下造成视觉障碍，影响人员的安全撤离。

电梯井分为消防电梯井和非消防电梯井，其中消防电梯井应采用耐火极限不低于2.00h且无开口的防火隔墙，与相邻的井道、机房及其他房间分隔，以确保每部消防电梯能够独立运作，不受其他电梯或电梯机房火灾的影响。

消防电梯为防火设计的重中之重，必须具备以下特性，确保其在火灾时能够有效支持人员撤离和消防救援。具体要求包括：电梯应能在所服务区域的每层停靠；电梯的载重量不应小于800kg；电梯的动力和控制线缆与控制面板的连接处、控制面板的外壳防水性能等级不应低于IPX$_5$；在消防电梯的首层入口处，应设置明显的标志和专供消防救援人员使用的操作按钮；电梯轿厢内部装修材料的燃烧性能应为A级；电梯轿厢内部应设置专用消防对讲电话和视频监控系统的终端设备。

8.6.5 现代木结构建筑电梯实例

众所周知，电梯的电梯井一般都是钢筋混凝土制成的，但是随着时代的发展，木材行业不断有新型的工程木产品出现，而且性能不断优化。当前，出现了用木材做电梯井的案例，在下面列出来，以为读者展现木结构新技术的发展。

8.6.5.1 木结构建筑创新中心（WIDC）电梯

木结构建筑创新中心（图8-13）位于加拿大不列颠哥伦比亚省北部的乔治王子城。其主要的结构是胶合木做的框架结构，定制设计的交叉层压木材地板系统以及交叉层压木材电梯，创新在于楼梯与机械轴的结合。混凝土仅用于地板和顶层机房的地板。电梯井由垂直安装的交叉层压木材面板组成，像"核心"结构的其他元件一样。内表面采用重防腐涂料（ULC）的膨胀型涂料进行现场处理。这种处理方法能够在火灾中提供一定程度的防火能力。经处理的交叉层压木材表面的火焰蔓延等级不超过25。该等级是基于道格拉斯冷杉薄样本测试得出。为了有效应用，电梯必须能够处理高层建筑中预期的垂直运动。为了减少收缩而采取的设计预防措施似乎成功解决了该项目中的此类问题。根据放置在轴中的传感器数据，该运动没有超过设计公差。但是，为了提高可靠性，技术人员不得不降低轨道传感器的灵敏度。电梯不设在教室或办公空间附近，因此电梯井无须考虑任何特殊的声学或噪声抑制参数。

（a） （b）

（c）

图 8-13 木结构建筑创新中心

图片来源：http://wood-works.ca/wp-content/uploads/151203-WoodWorks-WIDC-Case-Study-WEB.pdf

8.6.5.2 美国蒙大拿州的多用建筑

美国蒙大拿州建设了一个多用途、多层次的建筑（图8-14），该建筑采用了由交叉层压木材制造的电梯井，而不是传统的混凝土砌块单元。这个电梯井在完成后约有14m高，可将项目建设时间缩短约3周。

交叉层压木材是2017年2月发布的《EN 16351: 2021–木材结构–木材交叉叠层–要求》中的一个重点内容，它由多层木板组成。这些木板是横向堆叠并黏结在一起的。这增加了面板的质量，以及它们的稳定性和刚度。通过实施这一战略，项目团队取得了一些与时间和成本节约相关的优势。例如，对于混凝土砌块单元，需要每隔2.5m进行一次检查，而在交叉层压木材中，这是在框架检查中完成的。

（a）

（b）

图 8-14　蒙大拿州的多用建筑

图片来源：http://www.smartlam.com/2016/12/29/montana-elevator-shaft-uses-clt-to-save-time-reduce-carbon-emissions/

　　与传统混凝土砌块单元方法相比，交叉层压木材施工方法由于减少了材料和劳动力，成本仅相当于传统方案的70% ～ 75%。传统混凝土砌块单元方法需要3周时间、8 ～ 12人的工作量，以及用于堆垛和固化的设备。而采用交叉层压木材施工时，可在现场使用3台起重机进行组装，数小时内即可完成。此外，其预制过程使其在一定程度上还可以免受恶劣天气和霜冻的影响。

8.7 本章小结

本章主要对木结构的楼梯和电梯进行详细讲解。楼梯部分主要针对楼梯的分类、组成、尺寸、详细构造以及防火设计等进行讲解。对于木结构中的电梯应用，就目前技术来讲，国内并没有相应案例以及相关技术的讲解，因此仅列举国外两个例子为读者提供相关信息，让读者知道木结构建筑可以建造电梯，且可运用交叉层压木材建筑电梯井。

参考文献

陈鹏. 浅析楼梯的规范性设计与实际使用的安全性之间的矛盾: 以教学楼楼梯设计为研究对象[J]. 中国住宅设施. 2010,（3）: 54.

高承勇, 倪春, 张家华, 等. 轻型木结构建筑设计: 结构设计分册[M]. 北京: 中国建筑工业出版社, 2011.

龚新波. 楼梯设计与创新[J]. 现代室内装饰, 2002,（1）: 15.

吉龙华. 浅析楼梯设计要素[J]. 广东建材, 2011, 27（10）: 50–52.

黎于. 木制楼梯的安全性设计[J]. 住宅装饰, 2012,（2）: 13.

李必瑜. 建筑构造[M]. 3版. 北京: 中国建筑工业出版社, 2004.

芮乙轩. 楼梯文化[M]. 上海: 文汇出版社, 2010.

同济大学, 东南大学, 西安建筑科技大学, 等. 房屋建筑学[M]. 4版. 北京: 中国建筑工业出版社, 2005.

夏广岚. 木制楼梯扶手弯头数控加工的关键技术研究[D]. 哈尔滨: 东北林业大学, 2011.

晏凌霞. 木制楼梯设计研究[D]. 长沙: 中南林业科技大学, 2014.

NAOHIRO, TAKEICHI, YOSHIYUKI, 等. 楼梯间内人流合并特性研究[J]. 消防科学与技术, 2007, 5: 26.